株式会社JPIX［監修］
小川晃通・久保田聡［共著］

徹底解説 v6プラス

A Detailed Guide to the v6plus

by
Akimichi Ogawa and Satoshi Kubota

はじめに

「v6プラス」は、NTTフレッツ網を利用するユーザが、IPv6とともに、IPv6 IPoEを経由してIPv4インターネットとの通信ができるサービスです。IPv6 IPoEを経由することで、IPv4 PPPoEを経由せずにIPv4インターネットとの通信を行うため、ユーザのパケットが通る経路が変わります。この経路の違いが通信品質に大きな影響を与える場合もあります。

本書はもともと、v6プラスの技術的側面を解説する書籍として、JPNE[†1]のニーズを受けて企画がスタートしたものです。企画段階で目指したのは、対象読者としてv6プラス導入を検討している方々、v6プラスの技術に興味がある方々、ISP関係者の方々を想定し、インターネットの仕組みからボトムアップにv6プラスの全体像を解説していくような内容でした。しかし、文章を書き進めるにつれ、「何ができるのか？」「どうしてそうなっているのか？」「どうしてそのようなサービス設計になったのか？」という部分こそが、こうした対象読者の方々にとって大事なのではないかと考え始めました。その結果、技術的な背景の説明に焦点を当てることこそが誤読による誤解を避ける手助けとなるはずであり、またすでに誤解してしまっている方々の誤解を解くきっかけとなるだろうという結論に至りました。

本書ではまず、v6プラスがどのようなサービスであり、何ができるのか、あるいは何ができないのかを説明します。そのうえで後半では、それらに対する「なぜ」の部分を技術的視点で読み解けるように、背景知識を説明していく構成としています。

v6プラスはフレッツ網という環境に特化したサービスです。高度な技術的課題をユーザ向けのサービスとするために、基礎技術の積み重ねへと落とし込んで実現されています。ネットワーク、インターネット、TCP/IPという視点で考えたとき、v6プラスは応用の応用ぐらいのレベル感の話題だといえます。したがって、その内容を読み解くためのハードルは決して低くはありません。それでもサービスの使い方に留ま

[†1] v6プラスはJPNE（日本ネットワークイネーブラー株式会社）のサービスとして始まりました。JPNEは2023年1月に日本インターネットエクスチェンジ株式会社と合併して株式会社JPIXになっています。

らない書籍、サービスの設計思想が垣間見えるような書籍になることを目指しました。その試みが成功していることを祈ります。

小川晃通

2020年1月

刊行に寄せて

v6プラスとは、IPv6上でIPv4サービスへの接続性（IPv4 over IPv6）を提供する、JPNEによる商用サービスの名称です。この名前は世間的な認知を得るようになりましたが、その結果として、IPv4 over IPv6全体を指す名称と勘違いされてしまう場面も見聞きするようになりました。IPv4 over IPv6には複数の実現技術があり、それぞれに長所短所があり、国内においても複数の方式が採用されていることから、それらがひとくくりに「v6プラス」と称されることは、今後の発展に向けての動向を見誤ることにつながりかねません。

本書は、v6プラスについての技術的な解説を行う唯一無二の書籍です。その内容は、著者の一人である小川晃通氏の既刊書と同じく、わかりやすさを心がけつつ、技術的正確性を犠牲にしないという立場を貫いたものとなりました。本書が日本のインターネットの健全な発展に寄与するものとなることを期待します。

日本ネットワークイネイブラー株式会社 代表取締役社長（刊行当時）

石田慶樹

2020年1月

目次

更新履歴

各刷における主な修正点および追加点は下記のとおり。その他の変更点に関してはラムダノートのWebサイト（`https://www.lambdanote.com`）の本書のページを参照してください。

■ 第1版第2刷（2021年3月）

- いわゆる「NAT越え」の詳細を加筆（第5章）
- 固定IPv4アドレスサービスについて加筆（第6章）
- 対応機器の情報を更新（第7章）

■ 第1版第3刷（2023年1月）

- 合併に伴うJPNEからJPIXへの社名変更に対応

第1章

v6プラスとは

本章の目的は、v6プラスの全体像が見渡せるような地図を作ることです。v6プラスは、インターネットや国内のネットワーク環境の複雑な背景を前提として誕生したサービスであることから、その概要を知るだけでもさまざまな要素の理解が必要になります。詳細な説明については個別の章で後から解説することとし、本章ではv6プラスをめぐる全体像を示すことにします。

1.1 v6プラスの背景

v6プラスの「v6」は、IPv6（インターネットプロトコルバージョン6）の「v6」です。v6プラスがどのようなサービスであるかを知るには、まず「IPv6とは何であるか」を説明しなければなりません。

1.1.1 IPv4とIPv6

どのようなデータをどのような方法で送受信するかについての取り決めのことを、**プロトコル**（protocol）と呼びます。特にインターネットでの通信を実現するためのデータ形式や手順などを取り決めたものが、インターネットプロトコル、すなわちIP（Internet Protocol）です。

現在のインターネットでは、IPv4とIPv6という、2種類の異なる方式のIPが利用されています。言い換えると、現在の世界には、IPv4を使って構築されている**IPv4インターネット**と、IPv6を使って構築されている**IPv6インターネット**という、互いに異なる方式の2種類のインターネットが存在しています。

世界中で使われている現在のインターネットは、IPv4を利用して普及しました。IPv4では、通信の相手やネットワークの範囲を特定するための識別子（IPアドレス）

の総数が、およそ43億（2^{32}）個と規定されています。この総数は、現在のインターネットを利用する端末の数に比べると少なすぎます。そこで、アドレスの総数を2^{128}個に増やし、それをユーザに効率的に割り当てるような方式として、IPv6が開発されました。

IPv6は、IPv4に比べてアドレスの総数が多いだけでなく、さまざまな点でIPv4と異なります。そのため、従来のIPv4との間には直接的な互換性がありません。IPv4とIPv6は、似て非なる独立した別々のプロトコルなのです。従来のIPv4インターネットでアドレスだけをIPv6のそれに置き換えればそのままIPv6を利用できる、というわけにはいきません。IPv6に対応するインターネットを新たに整備し、それと従来のインターネットをうまく共存させる仕組みが必要になります。

結果として、IPv4インターネットとIPv6インターネットが共存しているのが現在のインターネットの状況というわけです。個々のプロトコルの理解に加えて、これらIPv4インターネットとIPv6インターネットの共存にかかわる仕組みの理解は、v6プラスに限らず現在のインターネットをめぐる環境を理解するうえでは欠かせないものになっています。

NOTE

IPv6とIPv4については、「第2章 IPv4とIPv6」で改めて詳しく説明します。

1.1.2　フレッツ網とVNE

日本においては、ある特別な事情によって、さらに複雑な状況が生まれています。それは、インターネット接続の入り口として多くのユーザが利用しているNTT東西[†1]の**フレッツ網**です。フレッツ網は、歴史的経緯により、いくつかの通信方式が混在したネットワークです。2021年2月現在、一般ユーザが新規申し込みを行って提供されるサービスは、NTT東西がIPv6を使って構築した通信網であるNTT NGN（次世代ネットワーク、Next Generation Network）によるものです。

NTT NGNは、IPv6インターネットとは切り離された巨大なIPv6ネットワーク（**IPv6閉域網**）です。同じIPv6を利用しながら、フレッツ網がIPv6インターネットと切り離された閉域網になっている背景には、NTT法という法律の存在があります。NTT法による制限により、NTT東西はユーザに対して直接インターネット接続サービスを提供できないので、フレッツ網はIPv6インターネットとは直接やり取りがで

---

†1 本書では、東日本電信電話株式会社のことを「NTT東日本」、西日本電信電話株式会社のことを「NTT西日本」と表記しています。また、両者を合わせて「NTT東西」と表記することがあります。

きないような設計になっているのです。

では、NTT東西と接続してフレッツ網のサービスに加入しているユーザは、どのようにしてインターネットへの接続を実現しているのでしょうか。

従来のIPv4インターネットへの接続については、ユーザがISP事業者と契約し、ISP事業者を通じてインターネットへと接続しています。その際には、一般に「PPPoE」という技術を使い、間のフレッツ網をトンネリングしてIPv4による通信を実現しています（図1.1）。

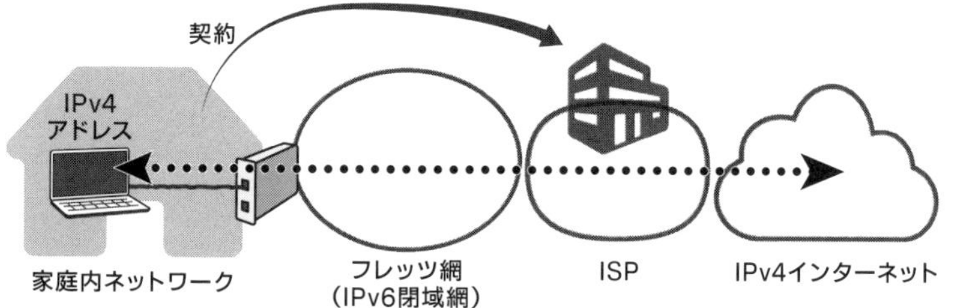

▶図1.1　フレッツ網を通じたIPv4インターネット接続

IPv6インターネットとの接続サービスについては、フレッツ網でどのように提供すべきかについて、2008年ごろから日本国内で議論されました。NTT東西の次世代ネットワーク（後のフレッツ・ネクスト）を利用した商用サービスに関する活用業務の認可申請が2007年に行われ、意見募集等のプロセスを経て翌年認可されたことが背景としてあります。日本国内で非常に大きなシェアがあるNTT東西の回線において、IPv6インターネット接続サービスがどのような方式で提供されるのかは、日本のIPv6インターネットの形を左右するテーマでした。そのため、NTT NGNにおけるIPv6インターネット接続サービスをどのように提供すべきかの議論が白熱しました。

当時、さまざまな案が検討されましたが、従来のIPv4インターネットへの接続方式と類似した方式である「IPv6 PPPoE」を含め4つの案にまで絞られました。そのうちのひとつとして、従来とは異なる「IPv6 IPoE」という方式もありました。最終的に認可されたのは、IPv6 PPPoEとIPv6 IPoEという2つの方式です。

IPv6 IPoEには、IPv6 PPPoEと違い、ISP事業者がIPv6による通信データを直接扱わないという特徴があります。NTT東西と契約してIPv6 IPoEによるインターネット接続を提供するのは、**VNE**（Virtual Network Enabler）と呼ばれる事業者です。ISP事業者は、VNEからIPv6 IPoEインターネット接続サービスの卸提供を受けて、自社のユーザに対してこれを自社のサービスとして提供します（図1.2）。

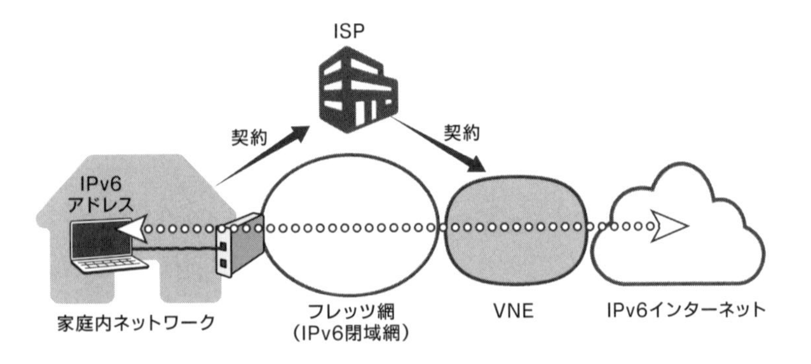

▶ 図1.2　フレッツ網でIPv6 IPoEサービスを提供するVNE

■ JPIXによるVNE事業

2008年時点では、技術的な制限によりIPv6 IPoE方式を利用可能な事業者数は3者に限定されていました[†2]。当時、候補となった事業者から3者を選ぶ方法としてNTT東西が提案し総務省も認めたものが、「卸サービスとして利用するISPのFTTHサービスのエンドユーザの総数を比較し、上位3者を選択する」という方法でした。

2009年12月のIPv6 IPoE方式のサービス開始時点に、NTT東西からVNEとして選定された3者は、BBIX株式会社、インターネットマルチフィード株式会社、日本インターネットエクスチェンジ株式会社（以後JPIX）でした。BBIXはソフトバンク、インターネットマルチフィードはNTT、JPIXはKDDIの系列会社であり、日本国内の大手3キャリアで3つの枠を分け合っていた格好です。

その後、2010年2月にKDDIとJPIXが「ブロードバンドアクセスエクスチェンジ企画株式会社」を設立しました。そして2010年8月、ISP 4社の出資により、事業会社として「日本ネットワークイネイブラー株式会社」（JPNE）を発足し、JPIXからVNE事業に関する契約と、VNE事業のために取得したIPv6アドレスなどを継承しました。JPNEがIPv6 IPoEサービスをISPに卸提供開始したのは、発足から約11ヶ月後の2011年7月です[†3]。v6プラスもJPNEによって提供されていましたが、2023年1

[†2] 2008年段階ではIPv6 IPoE方式を利用可能な事業者数は3でしたが、その後は最大で16の事業者まで増やせるような方向で検討が進められました。現在ではVNEの数も当初の3者から増えています。

[†3] http://www.jpne.co.jp/2011/07/26/242/

月1日にはJPIXとJPNEが合併して株式会社JPIX[†4]となり、VNE事業を継承しています[†5]。

NOTE

フレッツ網とVNEについては、「第3章 フレッツ網からのIPv6インターネット接続（IPv6 IPoE）」で改めて詳しく説明します。

1.2 v6プラスの全体像

前節では、IPv4アドレスの枯渇とIPv6の開発、フレッツ網というIPv6閉域網、さらにその上でIPv6 IPoEによりIPv6インターネット接続を提供するVNEについて簡単に説明してきました。これでようやく本書の主題であるv6プラスが何のためのサービスであるかを説明できます。

まずは、**v6プラス**という名前の由来を説明します。v6プラスは、IPv6にプラスしてIPv4も使えるという意図の名称です。IPv6をプラスで使えるという意図であると誤解されがちなのですが、逆なのです。

すなわちv6プラスは、**JPIX**がVNE事業として提供するIPv6 IPoEのインターネット接続サービスにプラスして、IPv4インターネットへの接続サービスも使えるというサービスです。IPv6 IPoEでのサービスを提供するVNEとしてJPNEという企業が設立され、JPIXとしてIPv6 IPoEサービスが提供され続けるなかで、v6プラスというサービスが後から生まれたという歴史的経緯が垣間見えるネーミングでもあります。

では、v6プラスを利用したときにユーザのトラフィックがどうなるのかをひとつずつ見ていきましょう。まずはIPv6トラフィックです（図1.3）。

v6プラスでのIPv6サービスは、JPIXをVNEとした通常のIPv6 IPoEです。フレッツ網を通じてユーザトラフィックがJPIXへと転送され、JPIXを通じてIPv6インターネットと接続します。しかし、実はこれだけではv6プラスの機能の半分も説明できていません。v6プラスは、IPv4インターネットへの接続性をプラスするというサービスなのですから。

---

†4 この新しいJPIXは略称ではなく正式な社名（英文表記 “Japan Internet Xing Co., Ltd.”、読み方は「ジャパン・インターネット・クロッシング」）です。

†5 https://www.jpne.co.jp/2022/12/07/2638/

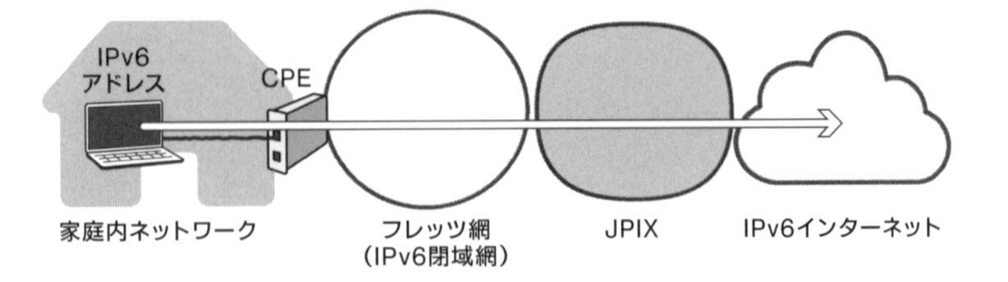

▶ 図1.3　v6プラスでのIPv6インターネット接続

1.2.1 IPv6トンネルによるIPv4インターネット接続サービス

フレッツ光ネクストなど、フレッツ網を利用したサービスを契約しているエンドユーザの宅内には、ホームゲートウェイなどの**CPE**（Customer Premises Equipment）が設置されています。v6プラスでは、図1.4のように、すでに家庭内ネットワークなどに設置されているCPEとJPIXのネットワークに設置されたBR（Border Relay）と呼ばれる装置との間でIPv6トンネルを構築し、JPIXを通じて家庭内のIPv4ネットワークをIPv4インターネットへと接続します。

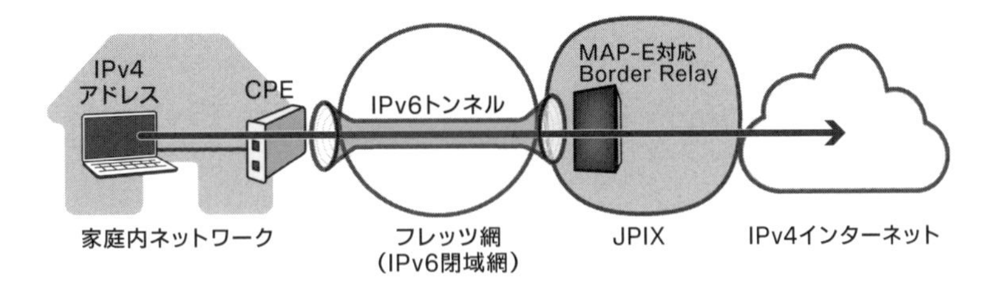

▶ 図1.4　v6プラスによるIPv6トンネル

v6プラスでIPv4パケットを運ぶIPv6トンネルには、**MAP-E**という方式が採用されています。

NOTE

MAP-Eについては、「第4章 MAP-EによるIPv4インターネット接続」で詳しく説明します。

MAP-Eの特徴のひとつとして、複数のCPEで同一のIPv4アドレスを共有することが挙げられます。これによりISPでは効率よくIPv4アドレスを利用できます（図1.5）。

CPE間でのIPv4アドレスの共有に使われているのは、IPv4アドレスを変換する**NAT**（Network Address Translation）の技術です。NATそのものは新しい技術ではなく、1990年代から通常の家庭内ネットワークなどでも広く使われてきました。

MAP-EにおけるNATは、複数の契約にわたって1つのIPv4アドレスを共有するという違いはありますが、通常の家庭で利用されてきたIPv4 NATと根本的な技術は同じです。MAP-Eの特徴を理解するうえではIPv4 NATに関連する技術の理解も必要になります。

NOTE

NATそのものについては、「第5章 IPv4 NAT」で詳しく解説します。

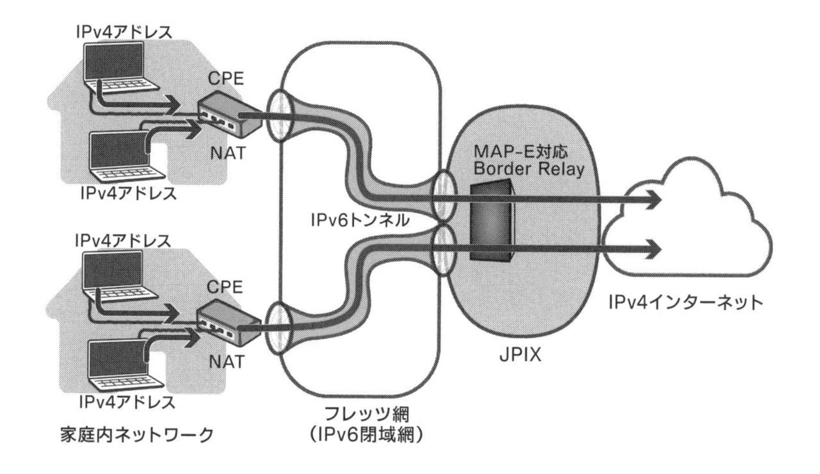

▶図1.5　v6プラスにおけるIPv4 NAT

MAP-EでNATが利用されているからか、「v6プラスを利用すると対戦ゲームに悪影響がある」という意見も耳にします。しかし、同様の問題は通常の家庭用NATでも発生する場合もあるため、v6プラスで利用されるMAP-Eだけが原因で発生するわけではありません。

なおv6プラスには、MAP-EによるIPv4アドレス共有サービスのほかに、通常のIP

トンネルによってユーザに対して固定IPv4アドレスを割り当てるサービスもあります。どちらもv6プラスという名称ですが、その実現技術は異なり、固定IPv4アドレスサービスのほうでは1、8、16、32、64個の固定IPv4アドレスを占有できます。固定IPv4アドレスでのv6プラスについては6.3.1項で説明します。

1.2.2　v6プラス利用時のIPv6トラフィック

v6プラスを利用するISPのユーザは、JPIXをVNEとしたIPv6 IPoEサービスを利用することになります。そのため、ユーザのIPv6パケットはフレッツ網を通じてVNEであるJPIXへと転送され、そのままIPv6インターネットとの通信が実現します（図1.6）。

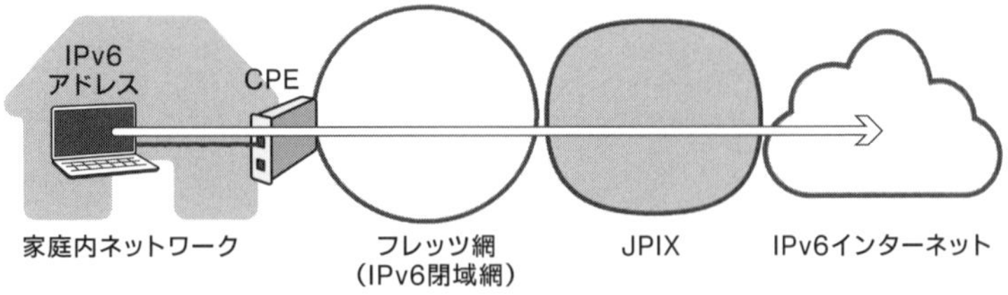

IPv6
アドレス
CPE
家庭内ネットワーク
フレッツ網
（IPv6閉域網）
JPIX
IPv6インターネット

▶図1.6　v6プラスでのIPv6インターネット接続（再掲）

この場合、ユーザの家庭内で利用されるIPv6アドレスは、JPIXに割り振りされたグローバルIPv6アドレスのプレフィックスから割り当てられます。したがって、ユーザがIPv6を利用してIPv6インターネットと通信するとき、ユーザの家庭内も含めてすべてがグローバルIPv6アドレスによるIPv6インターネットに含まれます。ユーザの家庭内もグローバルIPv6アドレスによるIPv6インターネットの一部になるのです。（JPIXはBGPによってIPv6インターネットとつながっているため、JPIXもIPv6インターネットの一部であるともいえます。）

NOTE

JPIXはB2B企業なので、消費者に対して直接インターネット接続サービスを提供しているわけではありません。ただし、JPIXでは、ISPがv6プラスという名称を利用して一般消費者（エンドユーザ）に対して販売することを許可しています。このため、個々のISPが提供するサービスに、メニューとしてv6プラスという名称が掲載されることがあります。エンドユーザから見ると、JPIXが提供するサービスをそのISPが提供しているような形になります。

そして、このような事業形態が、v6プラスという名称に多少のわかりにくさを発生させている要因かもしれません。v6プラスという名称は、IPv6 IPoEにプラスしてIPv4インターネットへの接続性を提供しているという意味ですが、IPv6 IPoEとIPv4サービスの両方を含めて「v6プラス」なのか、それともIPv6 IPoEに対するオプションサービスとして「v6プラス」が存在しているのか、エンドユーザに対してサービスを販売しているISPによって、そのサービスメニューの見え方に多少の違いがあります。

JPIXをはじめとするVNEは、エンドユーザにとっては黒子のような存在といえます。VNEに関しては、フレッツ網に関連する解説を行っている第3章で解説します。

1.2.3　v6プラスでIPv6とIPv4の両方をVNE経由に

v6プラスのポイントは、フレッツ網を利用したサービスからのインターネット接続でIPv4のための経路を別に用意することなく、IPv6パケットが運ばれる経路でIPv4パケットも運ばれる点です。図1.7のように、IPv4パケットはIPv6トンネルを通じてJPIXへと運ばれ、IPv4とIPv6の両方がJPIXを通じてインターネットへと運ばれるようになります。

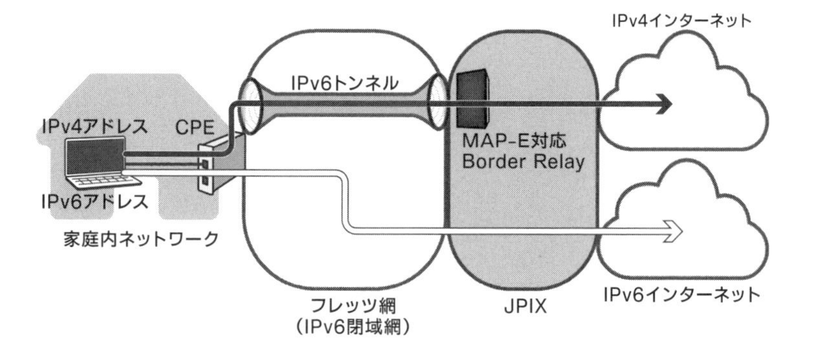

▶ 図1.7　v6プラスを利用する場合

次の1.2.4項で触れるように、v6プラスが使われていない状態では、IPv6パケットとIPv4パケットがまったく異なる経路を通じてそれぞれインターネットへと運ばれることになります。JPIXという同じ組織を通じてIPv4インターネットとIPv6インターネットに接続できることから、両者の経路が異なる場合に発生するCDNなどに関連した性能低下を回避できる可能性があります（2.4節を参照）。

1.2.4　v6プラスを利用しない場合のIPv4トラフィック

フレッツ網で直接IPv4インターネットに接続するためのサービスとしては、IPv4 PPPoEを利用する以外の方法はありません。

ここまでの説明を注意深く読んだ読者のなかには、これを聞いて、「あれ、v6プラスではフレッツ網でIPv4インターネットへの接続が提供されるのではないか」と思った方もいるでしょう。v6プラスは、フレッツ網で直接IPv4インターネット接続を提供するサービスではなく、あくまでもフレッツ網でのIPv6インターネット接続サービスを通じてIPv4インターネットとの通信を行うサービスなのです。

IPv4のPPPoEでIPv4インターネット接続サービスを利用しつつ、IPv6 IPoEによるIPv6インターネット接続サービスを利用する場合の典型的なトラフィックを図1.8に示します。IPv6はVNE（JPIX）を通じて、IPv4はISPを通じてインターネットと通信します。

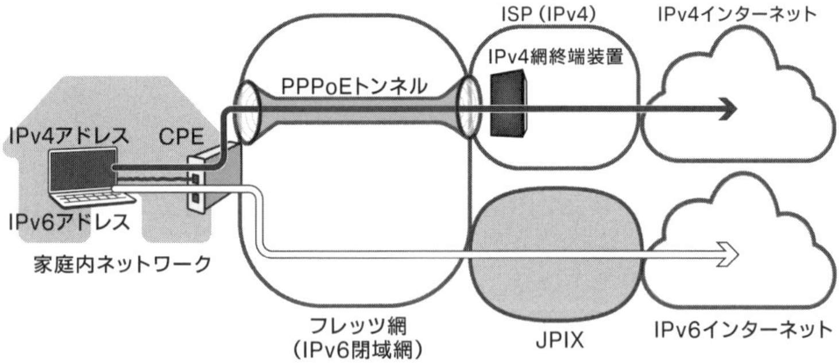

▶ 図1.8　IPv4 PPPoEとIPv6 IPoEを同時に利用する場合(v6プラスを利用しない場合)

v6プラスを利用する場合には、IPv4インターネットとの接続にIPv4 PPPoEを使う必要がなくなります。そのため、IPv4 PPPoEに関連する原因で途中のネットワークにおける通信性能が出ない場合などに、IPv4での通信性能が向上する可能性があります。

1.3 本章のまとめ

本章ではv6プラスの概要を紹介しました。きちんと定義を与えていない技術用語もいくつか使いましたが、それらは次章以降で順番に解説していきます。

本章で見たように、v6プラスを説明するには、「IPv6とは何か」、「MAP-Eによるネットワークのトンネルとは」、「IPv4 NATとは」といった個別の技術的な疑問に答えると同時に、「なぜフレッツ網に限定される話なのか」といった日本のインターネット環境の歴史にまでさかのぼる知見が必要になります。v6プラスというサービスは、TCP/IPというインターネットの仕組みの基礎から見ると、応用のさらにまた応用のようなレベル感の内容だといえるかもしれません。

v6プラスは、IPv6をめぐる日本のネットワーク事情から生まれたサービスであることからわかるように、そもそもの動機からして理解に必要な前提知識が多いサービスです。たとえば、IPv6ネットワーク上でIPv4インターネットとの接続を実現するためにIPv4パケットをトンネルさせている理由、さらに、そのための技術としてMAP-Eが採用された理由を知るためには、IPv4アドレスとポート番号を変換するNATの技術に対する深い理解まで求められます。次章以降では、こうした一つひとつの「なぜ」を紐解いていきながら、さらに深くv6プラスを紹介していきます。

第2章

IPv4とIPv6

v6プラスを知るうえでまず必要なのは、IPv4とIPv6の現状に対する正しい認識です。よく知られているように、IPv6は「IPv4アドレス在庫枯渇問題」を背景に開発されたプロトコルです。そこで本章では、まずこのIPv4アドレス在庫枯渇問題が何であったのかを説明します。そのうえでIPv4とIPv6の違いと、現在のインターネットで両者がどのように使われているのかを説明します。

なお、v6プラスの設計の背景には、日本の多くの家庭などでインターネット接続の入り口として利用されているフレッツ網というIPv6ネットワークの事情も大きく関与しています。フレッツ網をめぐる事情については、章を改めて、次章以降で順次説明していきます。

2.1 IPv4アドレス在庫枯渇問題

インターネットでは、**IPアドレス**で示される宛先へとパケットが届けられます。すべてのパケットのヘッダには、そのパケットが送り届けられる「**宛先IPアドレス**」と、そのパケットを送信した「**送信元IPアドレス**」が記載されています。

そのIPアドレスが足りなくなってしまったのが**IPv4アドレス在庫枯渇問題**です。これはすでに現実に起きている問題であり、2011年には、インターネットの誕生からずっと使われているIPv4アドレスの中央在庫は枯渇しています。

IPv4アドレスの在庫が枯渇すると何が起こるのでしょうか。ものすごく単純に言えば、IPv4によるインターネットがこれ以上は拡大しにくくなります。

図2.1を見てください。かつてのインターネットでは、新規にインターネットに参加したい人や法人がいた場合、そのたびに新しいIPv4アドレスを割り当てていました。参加者が増えるぶんだけ新しくIPv4アドレスの割り当てが可能な状態だったの

です。これが「IPv4アドレスの在庫がある」状態です。IPv4インターネットは、IPv4アドレスの在庫という資源に制約されることなく、どんどん拡大できました。

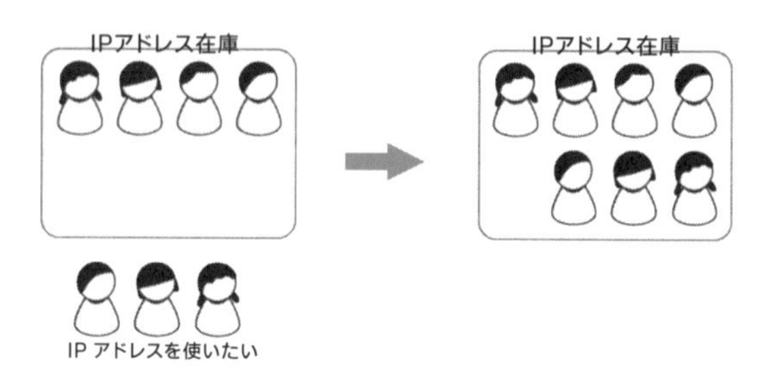

▶ 図2.1　IPv4アドレス在庫枯渇前の状態

ところがIPv4アドレスの在庫が枯渇すると、新しく参加したい人が現れても、限られたIPv4アドレスの範囲内で対処しなければならなくなります。限られたアドレス空間に、次々と新しい参加者を詰め込んでいく状態です。こうなると、図2.2のように、参加者あたりで利用できるIPv4アドレス数が減ってしまいます。IPv4アドレス在庫枯渇によって発生する状態は、この「詰め込み度合い」の上昇です。

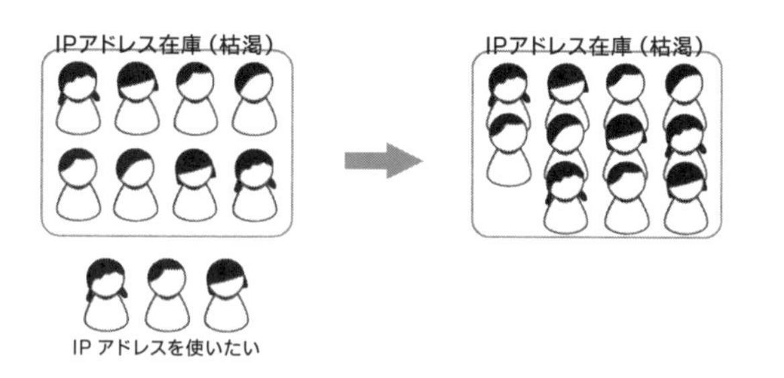

▶ 図2.2　IPv4アドレス在庫枯渇後の状態

この問題への暫定的な対策として従来からインターネットで広く採用されているのは、**プライベートIPアドレス**と**NAT**による「詰め込み度合い」の上昇の制御です。実際、現在のインターネットでは、家庭内や企業などの多くでプライベートIPアドレスとNATが利用されています。さらに、ISPなどのサービス事業者のネットワークで大規模なNATが利用されることもあります。NATに関しては、第5章でやや詳しく説明します。

一方、IPv4アドレス在庫枯渇問題に対する根本的な解決策としては、新しいIPアドレス空間を持ったインターネットを作る必要があるとも考えられました。

2.2 IPv6アドレスの基礎

多くの人々が「インターネット」として知っている世界規模の巨大ネットワークは、インターネットプロトコルのバージョン4、すなわちIPv4で作られました。IPv4で使われるIPv4アドレスは、インターネットで必要とされる数を満たすには十分でなく、そのうちIPv4アドレスが足りなくなることは予想されていました。その対策として開発されたのが、インターネットプロトコルのバージョン6、すなわちIPv6です。

IPv6が最初にRFC 1883として標準化されたのは1995年のことです。その後もさまざまな更新が加えられながら、現在でも標準化の作業は続けられています。本書執筆時点でのIPv6そのものに対する仕様はRFC 8200にまとめられています。

1995年に最初の標準化が行われたものの、IPv6は2011年ごろまではあまり普及しませんでした。それでも2011年にIPv4アドレスの中央在庫が枯渇してから、少しずつIPv6の普及には弾みがついています。

2.2.1 IPv4アドレスとの違い

IPv6の最大の特徴は、IPv4よりもアドレスのビット数が大きく、表現できるアドレスの数が圧倒的に多いことです。IPv4アドレスの長さは32ビット、IPv6アドレスの長さはその4倍の128ビットなので、表現できるアドレスの個数はIPv4の2の96乗倍になります。

IPv4アドレスとIPv6アドレスの違いは、ビット数が増えたことによるアドレスの総数の違いだけではありません。IPアドレスは、ネットワークを示す部分とインターフェースを示す部分とに分けて使われますが、この区分もIPv4とIPv6とでは異なります。両者の違いを図2.3に示します。

IPv4アドレスは「ネットワーク部」と「ホスト部」で構成されます。一方、IPv6アドレスは、「サブネットプレフィックス」と「インターフェース識別子」(IID、Interface Identifier) で構成されます。一見すると名称の違いだけのようにも思えますが、この名称にIPv4とIPv6の大きな違いが示されています。

IPv4アドレスは、1989年に発行されたRFC 1122に「Network-numberおよびHost-numberで構成される」と記述されていることからわかるように、機器である「ホスト」そのものを示しています。「パケットの転送を行うルータは別として、末端のノードは基本的に1つだけしかネットワークインターフェースを持たないので、そこで必要なIPv4アドレスも1つだけ」という前提が垣間見えます。

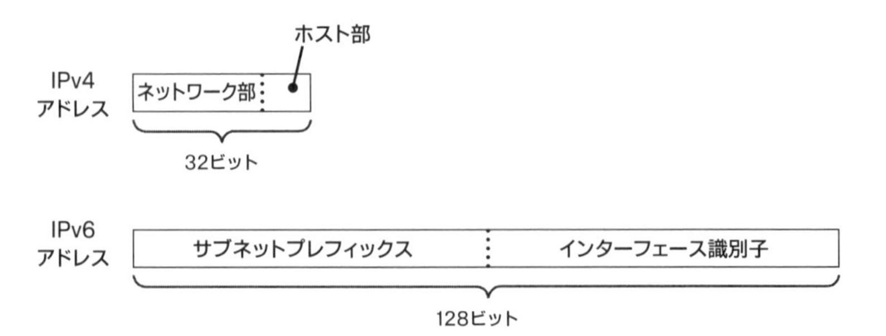

▶ 図2.3　IPv4とIPv6でのIPアドレス構成要素の違い

一方、IPv6では、1つのネットワークインターフェースに複数のIPv6アドレスが付く場合が最初から想定されています。IPv6アドレスのインターフェース識別子は、文字どおり、ホストではなく「インターフェース」を識別するものなのです。「IPv6アドレスはあくまでもネットワークインターフェースを識別するものであり、必ずしもホストのような機器を識別するものではない」という前提が垣間見えます。

実際、IPv6では、同じ1つのネットワークインターフェースに対して、「サブネットプレフィックスは異なるがインターフェース識別子は同じ」というIPv6アドレスを複数設定できます。

2.3 インターネットはIPv4とIPv6のデュアルスタック

IPv6は、IPv4アドレス枯渇問題の根本的な解決策ではありますが、直接的な解決策としては設計されておらず、IPv4とは互換性がないプロトコルとして開発されました。互換性がないので、「インターネットのためのプロトコル」という視点で見ると、IPv4とIPv6とではまったく別々のネットワークになります。今後しばらくは、それぞれ互換性がないプロトコルを利用する「IPv4インターネット」と「IPv6インターネット」という2種類のインターネットが、利用者から見れば1つのインターネットとして同時に運用されている状態が続くことになります。

ある特定のプロトコルを扱うためのソフトウェアの実装を**プロトコルスタック**と呼びます。インターネットがIPv4だけで実現していたときのプロトコルスタックは、図2.4のような階層構造として表現できます。ほとんどの層には複数のプロトコルが存在していますが、ネットワーク層だけはIPv4という単一のプロトコルである点に注目してください。

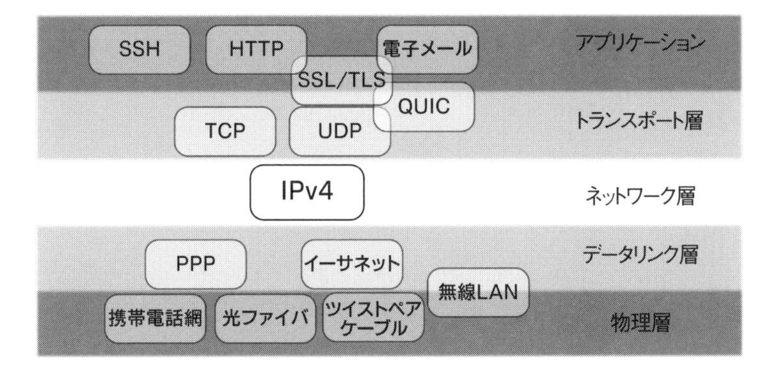

▶ 図2.4　IPv4のみの場合のプロトコルスタック

しかし、IPv4よりアドレス空間が広いIPv6が利用されるようになった現在では、図2.5のように、ネットワーク層にIPv4とIPv6の両方が存在している状態です。

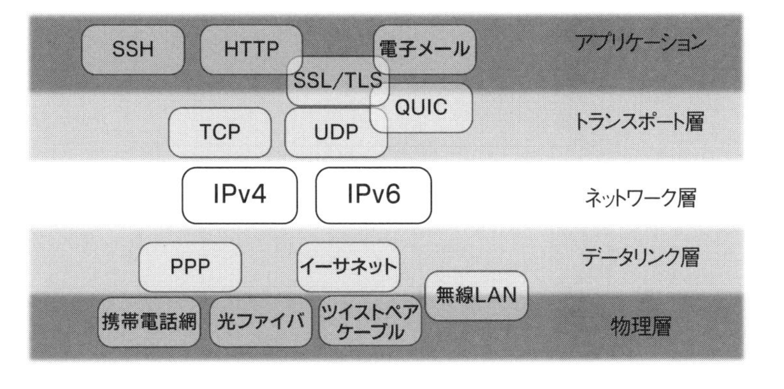

▶ 図2.5　IPv4とIPv6の両方が存在する場合

IPv4とIPv6は互換性のない別々のネットワーク層プロトコルなので、プロトコルスタックとしても別々です。このようにまったく異なる2つのプロトコルスタックが使える状態を**デュアルスタック**と呼びます。

かつてはIPv4という単一のプロトコルが前提であったネットワーク層に、IPv4とIPv6が並行して存在する現在のインターネットは、デュアルスタック環境になっています。インターネットがこのようなデュアルスタック環境であることを意識しなければならない場面は、サーバやネットワークの管理者、通信が関連するプログラムを書くプログラマだけでなく、一般のインターネット利用者にとっても増えていくと考えられます。

NOTE

本書で解説するv6プラスは、このようなデュアルスタック環境のインターネットをNTT東西のフレッツ網を利用しているユーザに提供するための仕組みのひとつだといえるでしょう。フレッツ網に契約しているユーザの家庭内ネットワークなどから、IPv6 IPoE方式とMAP-Eを通じてIPv6インターネットとIPv4インターネットの両方への接続性を提供するサービスが、v6プラスというわけです。

2.3.1　IPv6とIPv4の2つのインターネットを1つに見せるDNS

IPv4は、その誕生時点から世界中に普及した現在に至るまでインターネットで使われてきたプロトコルです。一方のIPv6は、これから普及していくプロトコルです。これら2種類のプロトコルが同時に運用されている状態で、「1つのインターネット」を実現するために重要になるのが、**名前解決**です。

ネットワーク層がIPv4とIPv6のデュアルスタックになっても、ネットワークを利用する側の視点で見れば、「インターネットは1つ」でなければ困ります。IPv4とIPv6を並行して利用できる現在の状況は、ネットワーク層プロトコルで見れば2つの別のプロトコルによって実現される2つのインターネットだが、インターネットとしてはあくまでも1つという、非常にややこしい状況にあるといえるでしょう。

現在のインターネットでは、この「2つであるが1つ」という状態を仮想的に実現するために、DNS（Domain Name System）を利用しています。DNSは、インターネットでの通信に必要な、「通信相手のIPアドレスを名前から得る」ための名前解決に利用されている仕組みです。現在のインターネットは、2つの異なるインターネットプロトコルで「1つのインターネット」を実現するために、名前空間をあえて共有しています。そして、そのためにDNSでIPv4とIPv6の両方に対応する名前を扱っているのです。

DNSでは、ドメイン名という名前からIPアドレスを解決するために、レコードと呼ばれる仕組みを利用しています。レコードは、IPv4アドレス用とIPv6アドレス用とを別々に設定できます。たとえば、「www.example.com」という1つの名前に対し、IPv4とIPv6の両方のIPアドレスを登録できるようになっています。IPv4アドレス用はAレコード、IPv6アドレス用はAAAAレコード（「クアッド・エー」）と呼びます。

なぜ、1つの名前に対して2つのIPアドレスを登録できることが重要なのでしょうか？ Webにおける通信を例に考えてみましょう。「http://www.example.com/」

というURLを持つサーバと通信をするときにユーザがアクセスしたいのは、通信がIPv4によるか、それともIPv6によるかにかかわらず、「www.example.com」が指し示すWebページです。仮にIPv4とIPv6とで名前空間がまったく異なるとしたら、IPv4で「example.com」というドメイン名を登録している組織と、IPv6で「example.com」というドメイン名を登録している組織が別々である可能性もあります。もしそうなっていたら、IPv4で通信する場合とIPv6で通信する場合とで、同じ「http://www.example.com」というURLでアクセスできるWebページも別物になってしまいます。それではユーザが混乱してしまうでしょう。DNSが使う名前空間のための「Root」(根っこ)は、「1つ」であることが重要なのです(RFC 2826)。IPv4インターネットとIPv6インターネットがまったく異なるネットワークであるのは、あくまで通信プロトコル上の話であり、名前空間を含めたいわゆる「インターネット」としては「1つ」でなければならないのです。

2.3.2 IPv6かIPv4かを選ぶのはユーザ側

IPv4だけを利用する場合にはIPv4アドレスに対する名前解決が行われ、IPv6だけを利用する場合にはIPv6アドレスだけの名前解決が行われます。IPv4とIPv6の両方の利用を試みる場合には、IPv4とIPv6の両方に対する名前解決が行われます。

ここで重要になるのが、「IPv4とIPv6のどちらを使って通信するかを誰がどのように判断するか」です。結論から言うと、この判断をするのはユーザです。ただし、厳密にはユーザが利用しているパソコンやスマートフォンなど端末機器のOSや個々のソフトウェアが判断しており、ユーザ自身は気づかない場合がほとんどです。いずれにしても、Webサーバなどではなく、ユーザ側でIPv4とIPv6のどちらを使うのかを判断しているということが、ここでは大きなポイントです。

一般的に、IPv4とIPv6の両方の問い合わせをDNSに対してひとつの問い合わせとして同時に行うことはできません。そのためユーザは、名前に関してIPv4とIPv6の問い合わせを別々に行う必要があります。別々の問い合わせを行うということは、ユーザ側が明示的にIPv4とIPv6の両方について名前解決をしたいとDNSサーバに問い合わせるということです。

DNSサーバは、個々の問い合わせにそれぞれ回答するだけです。DNSサーバが「あなたはIPv4を使いなさい」とか「あなたはIPv6を使いなさい」などという指示を出すことはありません。

IPv4とIPv6の両方で運用されているWebサーバへの接続を例に考えてみましょう。サーバ側は、たとえIPv4とIPv6の両方でTCPソケットを使って接続されるのを待っていたとしても、ユーザ側がIPv6で接続してくれなければIPv6で通信できません。

たとえば、「www.example.com」というドメイン名のWebサイトが、IPv4とIPv6の両方で運用されていたとします。このWebサーバに対して、ユーザがWebブラウザで接続する場合には、まずDNSで「www.example.com」の名前解決を試みる必要があります。その際には、IPv4のAレコードとIPv6のAAAAレコードの両方に対して名前解決を試みます。もし両方ともに結果が返ってきた場合、IPv4で接続するのか、それともIPv6で接続するのかを判断するのは、Webブラウザです。接続にIPv4を使うのか、それともIPv6を使うのかを判断するのは、個々のアプリケーションの仕事だからです。

他の環境がすべて同じであったとしても、IPv4とIPv6のどちらを使うべきかがアプリケーションによって異なる可能性もあります。アプリケーションプログラマは、IPv4を使うのか、それともIPv6を使うのかを判断するコードを、アプリケーションごとに書く必要があります。

かつてはIPv6で運用されているサーバがほとんどなかったので、IPv4とIPv6のどちらで通信するかをアプリケーションプログラマが考える必要は事実上ありませんでした。TCPで通信するならば、IPv4アドレスを名前解決で得たのちにTCPで接続するだけだったのです。しかし、本書執筆時点（2021年2月）では、IPv4を使うのか、それともIPv6を使うのかを判断するアプリケーションプログラムを書くことが強く推奨されるようになっています。

とはいえ、IPv4とIPv6のそれぞれでTCPの接続が成功するかどうかは、実際に接続を試みないとわかりません。そのため、図2.6のように、IPv4とIPv6の両方を同時に接続してしまい、先に成功したほうの接続を使うという方法もあります。

NOTE

IPv6がさらに普及し、IPv4の利用が少なくなれば、今度はIPv6だけで接続すればよくなるので、再びIPv4とIPv6のどちらのプロトコルを使うのかを判断する必要がなくなるかもしれません。そのころには本節のような説明も不要になり、「昔はIPv4というものもありました」という軽い紹介だけで済むでしょう。もちろんそのころには、IPv4インターネットとの接続性を提供するv6プラスのようなサービスも不要になっているはずです。

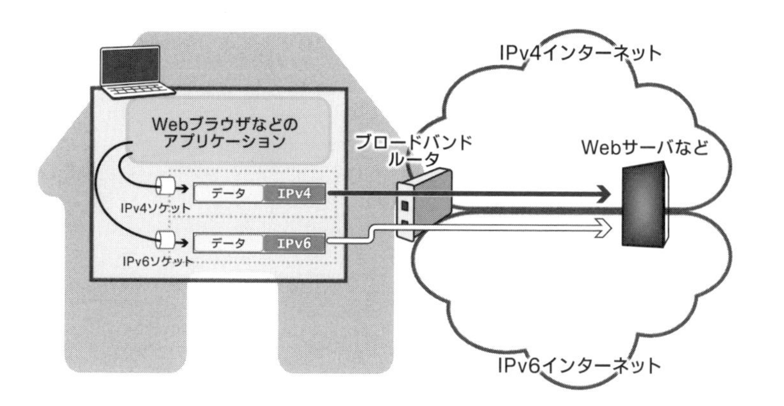

▶ 図2.6 IPv4とIPv6の両方で接続を試みる

2.4 キャッシュDNSサーバとCDNによる通信効率の低下

本章の最後に、IPv6インターネット接続とIPv4インターネット接続がまったく異なる組織を経由する状況が、通信効率の低下を招く可能性について言及しておきます。これは、Webトラフィックなどの負荷分散を目的として利用されるCDN（Content Delivery Network）で、キャッシュDNSサーバのIPアドレスが利用される場合に起こりうる問題です。この問題は、IPv6インターネット接続とIPv4インターネット接続を同じ組織のネットワーク経由で提供するv6プラスを利用することで回避できる可能性があるという点に注目してください。

まず、この問題が発生している状況を図2.7に示します。DNS問い合わせを行ったキャッシュDNSサーバに応じて、DNS権威サーバが回答するIPアドレスを変更することにより、CDNを実現しているような環境です。

図2.7では、IPv6インターネット接続はVNEによって提供され、IPv4インターネット接続はISPによって提供されています。ユーザが利用しているパソコンでは、IPv4を利用しているISPのキャッシュDNSサーバが設定されているとします。

図2.7の環境で、CDNによって負荷分散されているコンテンツをユーザが取得するときの流れを見てみましょう。まず、ユーザがISPにあるキャッシュDNSサーバを利用して名前解決を行います。このユーザはIPv4インターネットとIPv6インターネットの接続性を両方とも持っているので、AAAAレコードによる問い合わせを先に行っているものとします。

また、この例ではユーザがISPのキャッシュDNSサーバを利用しているので、AAAA

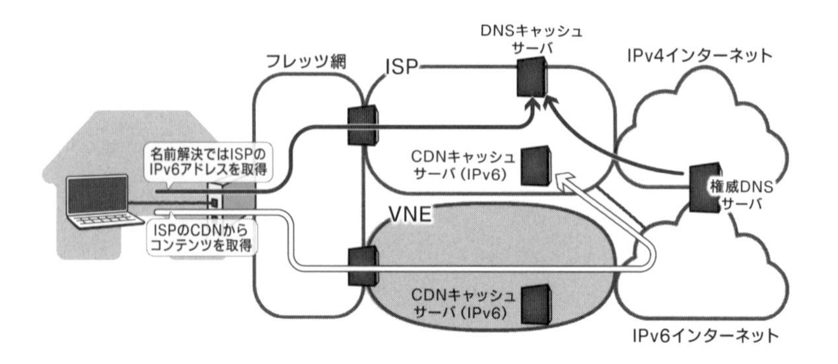

▶ 図2.7　IPv6とIPv4で違う組織を通る場合に発生する可能性があるCDNの問題

レコードの問い合わせはIPv4での問い合わせになります。

ISPにあるキャッシュDNSサーバは、権威DNSサーバにAAAAレコードの問い合わせを行い、回答を得ます。いま、図2.7のように、ISPはIPv4とIPv6の両方を運用しており、IPv6で運用されたCDNキャッシュサーバを保持しているとします。すると、権威DNSサーバからキャッシュDNSサーバへ返答されるのは、問い合わせを行ったキャッシュDNSサーバの最寄りにあるコンテンツのアドレス、つまりCDNキャッシュサーバのアドレスです。

キャッシュDNSサーバから名前解決の結果を受け取ったユーザのパソコンでは、CDNキャッシュサーバからコンテンツを取得します。このとき、コンテンツの取得に利用されるのはIPv6なので、ユーザはVNEを経由してCDNキャッシュサーバにあるコンテンツを取得することになります。

しかし、もしVNEにもCDNキャッシュサーバがあれば、これではユーザが遠回りをしてコンテンツを取得していることになってしまいます。このような遠回りが発生するのは、CDNによる負荷分散の仕組みの一部である権威DNSサーバが、「ユーザのパソコンはISP経由で接続している」と認識しているために発生しています。

ユーザがVNEにあるCDNキャッシュサーバからIPv6でコンテンツを取得するには、VNEのキャッシュDNSサーバを利用すればいいのですが、今度は逆にIPv4によるCDNキャッシュサーバからのコンテンツ取得が遠回りになってしまう可能性があります。

IPv4のAレコードを取得するときと、IPv6のAAAAレコードを取得するときで、利用するキャッシュDNSサーバを切り替えられればよいのですが、そのような使い分けが行われることは稀です。

このようなCDNの問題は、IPv4インターネットとIPv6インターネットのデュアルスタック環境における相性問題ともいえるでしょう。v6プラスを利用することで、IPv6 IPoEによるIPv6インターネットへのトラフィックと、v6プラスを経由するIPv4トラフィックが両方ともJPIXを通じてインターネットとつながります。そのため、このような問題を回避できます。

既存のCDNの構築手法が、ある意味で力技なので、IPv6の技術的な欠陥というよりは、既存の運用では十分に効率化が難しい問題であるという解釈も可能です。

第3章

フレッツ網からのIPv6インターネット接続（IPv6 IPoE）

本章では、v6プラスの背景となるフレッツ網におけるIPv6インターネット接続サービスについて解説します。

現在、フレッツ網におけるIPv6インターネットとの通信サービスの実現手段には、次の2種類の方式があります。

- **IPv6 IPoE方式**（ネイティブ方式）
- **IPv6 PPPoE方式**（トンネル方式）

IPv6 IPoE方式は、ネイティブ方式という別名が示すように、純粋にイーサネット上でIPv6を伝送するものです。わざわざ「IPoE」と呼ばれているのは、もう一つの方式であるIPv6 PPPoE方式との対比で命名されたことによります。基本的にはイーサネット上で通常のIPv6のフレームをやり取りしますが、フレッツ網に対処するために日本独自の部分があります。

それに対して、IPv6 PPPoE方式は、Point-to-Pointリンクをイーサネット上でエミュレートするために考案された技術です。イーサネット上でエンドユーザの認証を伴う回線収容を実現する技術として、IPv4インターネット接続サービスで広く利用されてきました。IPv6インターネット接続をこれと同じ方式で実現するのがIPv6 PPPoE方式だといえます。

3.1 IPv6 IPoE方式とIPv6 PPPoE方式がある背景

まず、IPv6 IPoE方式とIPv6 PPPoE方式の2つがフレッツ網におけるIPv6インターネット接続で利用されている背景を改めて説明しましょう。

そもそもフレッツ（FLET'S）というのは、NTT東日本とNTT西日本（NTT東西）が提供するデータ通信サービスの名称です。このデータ通信サービスの基盤となるネットワークが、「フレッツ網」や「NTT NGN」（Next Generation Network、次世代ネットワークの意味）などと呼ばれています。

1.1節でも簡単に触れましたが、フレッツ網はインターネットとは切り離された「閉域網」です。「日本電信電話株式会社等に関する法律」、通称NTT法による制限で、NTT東西はインターネット接続サービスを直接提供することが許されていません。そのため、利用者に対するインターネット接続サービスはISPにより提供されています。

閉域網ではありますが、フレッツ網では全体のIPv6ネットワーク化が進められており、そこではグローバルユニキャストIPv6アドレスが利用されます。たとえばNTT東西が展開する「フレッツ光」の回線を契約すると、利用者にはこの閉域網からグローバルIPv6アドレスが割り振られます。

このように現在のフレッツ網が成立しているのは、NTT法による制限と、NTT東西によるネットワーク設計上の判断による結果です。しかし、この閉域網で使われているグローバルユニキャストIPv6アドレスが、いわゆる「NTT NGN IPv6マルチプレフィックス問題」を発生してしまうという懸念がありました。これはIPv6がそもそも抱えている技術的な課題だといえます。

この懸念を解消する方法が、2011年にサービスが開始されたIPv6 PPPoE方式とIPv6 IPoE方式でした。逆にいうと「NTT NGN IPv6マルチプレフィックス問題」とは、IPv6 IPoE方式やIPv6 PPPoE方式といった解決策がなければフレッツ網で発生してしまう可能性があったNTT NGN固有の現象だといえます。すでに解決されているので問題ではないのですが、これらの方式が考案された背景を知るという意味では重要なので、何が懸念されていたのかを少し掘り下げて説明します。

3.1.1　通信できないIPv6環境の例

NTT NGN IPv6マルチプレフィックス問題は、フレッツ網に限らず、IPv6をマルチホームな環境で利用するネットワークで起きうる問題です。そこで、まず一般論として、マルチホーム環境におけるIPv6マルチプレフィックス問題とは何かを説明します。

図3.1では、ホストが接続された1台のルータが2つの上流ネットワークと接続しています。この状況では、2つの上流ネットワークから、それぞれのネットワークプレフィックスがルータに対して広告されます。

実は、IPv6では1つのネットワークインターフェースに対して複数のIPv6アドレ

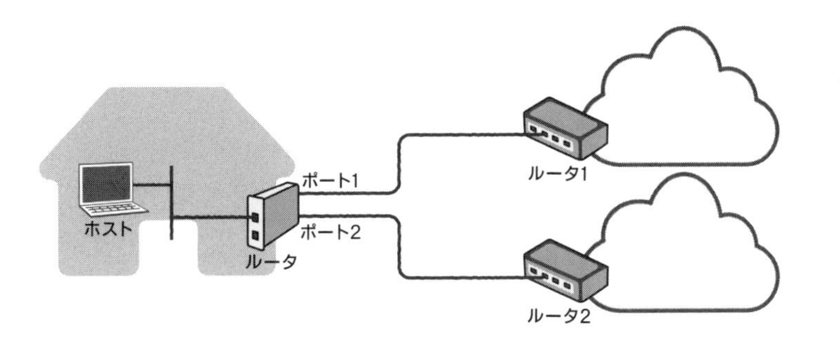

▶ 図3.1 IPv6マルチプレフィックス問題が発生する状況

スを設定できます。そのため、図3.1のようにネットワークプレフィックスが2つ広告される状況では、ホストに対しても2つのグローバルIPv6アドレスが設定される可能性があります。これがIPv6環境で一般に発生しうる「IPv6マルチプレフィックス」という状況です。

IPv6マルチプレフィックスの状態であっても、個々の通信では単一のIPv6アドレスが利用されるので、通信そのものに支障はありません。ただし、IPv6マルチプレフィックスの状態にあるホストは、何らかの方法で通信に利用するIPv6アドレスを複数の中から選択する必要があります。その選択によって通信結果が異なる場合や、悪影響が生じる場合もあります。

3.1.2 アドレス選択による悪影響

IPv6マルチプレフィックス環境でアドレス選択により生じる悪影響について、図3.2のような状況で説明します。

この例では、家庭内ネットワークがISP AとISP Bの両方につながっています。この家庭内には、ISP Aとつながったルータと、ISP Bとつながったルータの2つのルータがあるとします。両方のルータは同じネットワークセグメントに接続しています。

家庭内には、ネットワークインターフェースが1つだけあるパソコンが設置されています。そのパソコンのネットワークインターフェースには、次の2つのグローバルIPv6アドレスが設定されます。

- ISP AからのIPv6アドレス`2001:db8::a`
- ISP BからのIPv6アドレス`3ffe::b`

いま、何らかの理由でISP BにおけるIPv6インターネットの接続性に一時的な障害

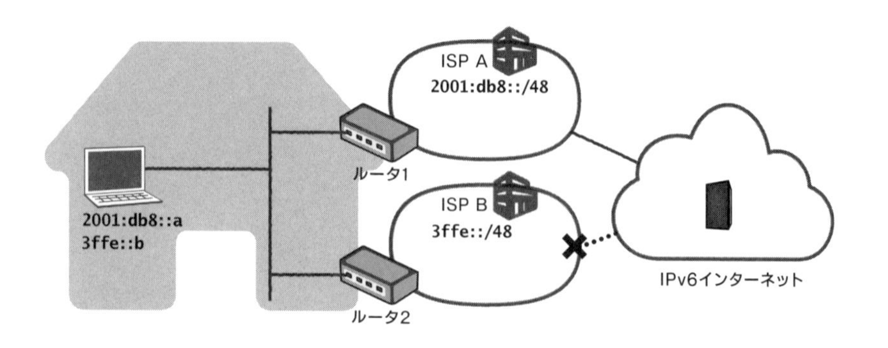

▶ 図3.2　IPv6アドレス選択が悪影響を与える例1

が発生したとしましょう。図3.2の状況で家庭内のパソコンがIPv6インターネットとの通信を成功させるには、次の3つの点が満たされている必要があります。

- 適切なNext Hopを選択してパケットを送信できること
  ISP BでIPv6インターネットとの通信障害が発生している状態で、ISP Bにつながっているルータに向けてパケットを送信しても、パケットはIPv6インターネットへと到達できません。
- 適切な送信元IPv6アドレスを利用してパケットを送信できること
  ユーザが送信するIPv6パケットの送信元IPv6アドレスがISB BからのIPv6アドレスであった場合、IPv6インターネットから戻ってくるIPv6パケットがISP Bに向けて送信されてしまいます。しかし、ISP BはIPv6インターネットとの通信障害によって通信が失敗する状態にあります。そのため、ユーザが送信するパケットの送信元IPv6アドレスがISP Bのものの場合、通信が失敗してしまいます。
- 適切なキャッシュDNSサーバを選択できること
  これは、キャッシュDNSサーバの選択によって宛先IPv6アドレスが変わる可能性があるためです。通信相手がDNSを利用した負荷分散を行っている場合に、ユーザが選択するキャッシュDNSサーバによって通信相手が変わる可能性があります。

ポイントは、送信元IPv6アドレスの選択と経路の選択が互いに独立している点です。

ISP A経由での通信を成功させるには、図3.3のように、家庭内にあるパソコンが送信元IPv6アドレスとしてISP Aからの2001:db8::aを選択したうえで、ISP AとつながっているルータをNext Hopとして選択する必要があります。

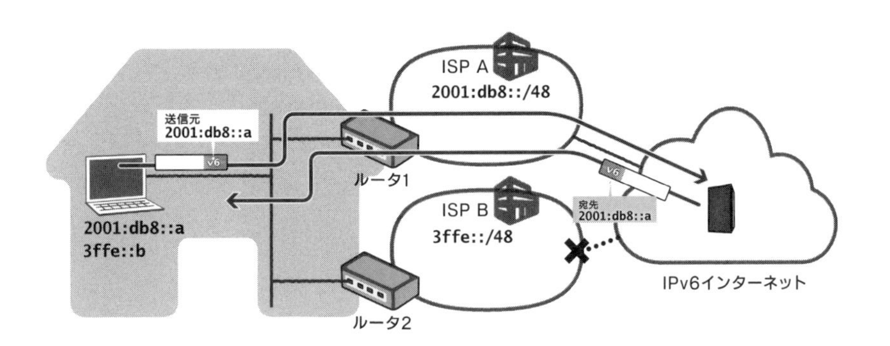

▶ 図3.3 IPv6アドレス選択が悪影響を与える例2

図3.4のように、家庭内にあるパソコンが送信元IPv6アドレスとしてISP Bからの`3ffe::b`を選択し、ISP Aとつながっているルータ経由でIPv6インターネット上にあるサーバとの通信を試みる場合には、家庭内のパソコンからサーバまでのパケットは到達するものの、サーバから家庭までのパケットは到達せず、通信が成立しません。

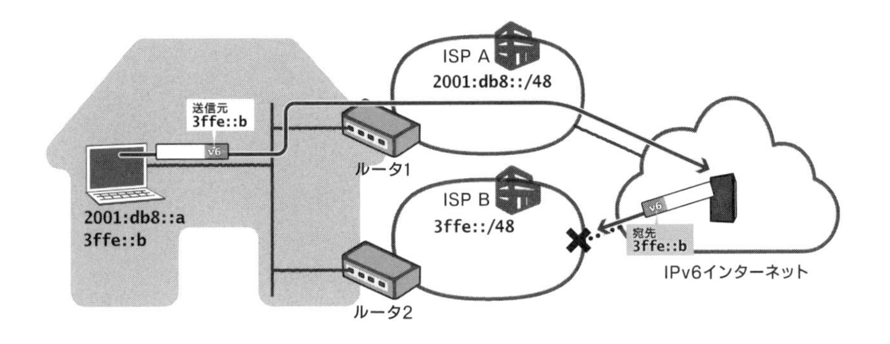

▶ 図3.4 IPv6アドレス選択が悪影響を与える例3

図3.4のような環境では、Next Hopの選択によってはまったく通信ができません。家庭内のパソコンがNext Hopとしてルータ2を選択した場合、送信元IPv6アドレスの選択にかかわらず、すべての通信が失敗してしまいます。

ここまで、何らかの理由でISP BにおけるIPv6インターネットの接続性に一時的な障害が発生したという想定で説明していますが、正常な運用時に類似する問題が発生する場合もあります。これは、上流ネットワークが下流ネットワークとして認識しているネットワークプレフィックスではない、別のIPv6アドレスを送信元IPv6アドレスとするパケットが、上流ネットワーク宛に送信されてしまうためです。ユーザが選択する送信元IPv6アドレスが適切でないとき、ユーザにとっての上流ネットワークとなるISPにとっては、ISPが管理しておらず存在しないはずのネットワークプレフィックスからのパケットが届いているように見えてしまいます。

2000年に発行されたRFC 2827（BCP 38）では、各自が管理するネットワークで偽装されたパケットを出してDDoS攻撃などの発信源になることでDDoS攻撃に加担してしまうことを防ぐため、RPF（Reverse Path Forwarding）という手法が提案されています。これは、各パケットの送信元へのユニキャストの経路を参照しつつ、「そのパケットがその方向からくることが正しいかどうか」を確認するというものです。ISPでBCP 38が実施されている環境では、送信元IPv6アドレスと経由するネットワークが一致してない場合にパケットが破棄されてしまう可能性があります。

3.1.3 フレッツ網におけるIPマルチプレフィックス問題

ユーザがISPと契約し、IPv6閉域網であるフレッツ網を介してIPv6インターネットへ接続する場合には、IPv6マルチプレフィックスと似た状況が発生します。仮にフレッツ網でIPv6マルチプレフィックス問題が発生するとしたら、フレッツ網からのIPv6アドレスと、ISPからのIPv6アドレスの2つが、同時にユーザの機器に設定される場合です。この問題を発生させずにフレッツ網からIPv6インターネットへ接続する方法として考案されたのが、IPv6 IPoE方式とIPv6 PPPoE方式です。

IPv6 PPPoE方式とIPv6 IPoE方式では、IPv6インターネットへの接続時に、フレッツ網からのIPv6アドレスが利用者のネットワーク内には割り当てされないようにします。フレッツ網内で提供されるサービスの通信と、IPv6インターネット接続の通信の両方を、グローバルIPv6アドレスが1つだけの状態で実現する仕組みです。ユーザが利用するホストに対しては複数のプレフィックスを提供せず、シングルプレフィックスにすることで、問題を根本的に回避する手法といえます。

さらに、閉域網であるということは、フレッツ網内部にあるサービスとの通信は正常にできても、常にIPv6インターネットとは通信できない状態です。これはつまり、フレッツ網を介したIPv6インターネットへの接続では、図3.4に近い状況が発生するということです。ユーザの機器において「フレッツ網内部との通信では宛先と送信元をフレッツ網からのIPv6アドレスにし、IPv6インターネットとの通信では他方のIPv6アドレスを送信元にする」という選択が自動的にできれば何も問題になりませんが、それにはユーザの機器での設定や特別なソフトウェアのインストールが必要になります。そうした要求をせずに自動的な切り替えをすることが困難であったという要因もありました。

3.2 IPv6 IPoE方式とIPv6 PPPoE方式の違い

NTT東西で提供されているIPv6 IPoE方式とIPv6 PPPoE方式の詳細について説明する前に、両者の違いを整理しておきます（表3.1）。

▶ 表3.1 NTT東西で提供されているIPv6 PPPoEとIPv6 IPoEの相違点

項目	IPv6 PPPoE方式	IPv6 IPoE方式
ユーザのIPv6アドレス	ISPのIPv6アドレス	VNEからNTTに預けられたIPv6アドレス
ユーザの追加機器	IPv6トンネルアダプタ	特になし
インターネット接続	ISP経由	VNE経由
PPPoE	IPv4とIPv6で別々のPPPoEセッションが必要	IPv6用のPPPoEは不要
その他の特徴	トンネルアダプタ内でNAT66を実施	NGN内で送信元IPv6アドレスをもとにしたPolicy Basedルーティングを実施

表3.1から読み取れるように、IPv6 IPoE方式においてインターネット接続サービスを提供する事業者は、ISPではなくVNE（Virtual Network Enabler）と呼ばれます。IPv6でも、IPv4のときと同じく、インターネット接続のためにユーザが契約するのはISPです。しかし、IPv6 IPoE方式の場合にはISPがVNEと契約し、実際の通信はそのVNEを通じて行われることになります。VNEについては後ほど3.4節で改めて解説します。なお、v6プラスを提供するJPIXも、ISPではなくVNEです。

ISPがユーザに対してIPv6インターネット接続サービスを提供するときに、どちらの方式を採用するかは、ISPごとの判断となります。ユーザは、ISPの対応状況を見ながらIPv6 PPPoE方式とIPv6 IPoE方式のどちらを利用するのかを判断し、ISPのサービスに申し込むことになります。IPv4用のISPとIPv6用のISPを別々に利用することも、技術的には可能です。

3.3 IPv6 PPPoE方式の詳細

IPv6 PPPoE方式は、フレッツ網でIPv4インターネット接続サービスを使う場合と同様に、PPPoEを利用してIPv6インターネット接続を提供する方式です。「トンネル方式」という別名があるとおり、IPv6 PPPoE方式では、ユーザの家庭内にあるIPv6トンネルアダプタからフレッツ網内にあるIPv6終端装置までトンネルが張られます。

3.3.1 IPv6インターネットへの接続

IPv6 PPPoE方式では、ISPとの接続や認証にPPP（Point-to-Point Protocol）を利用します。IPv6終端装置はISPのネットワークと接続されており、認証に成功すればISPを経由してIPv6インターネットとの通信が可能になります（図3.5）。

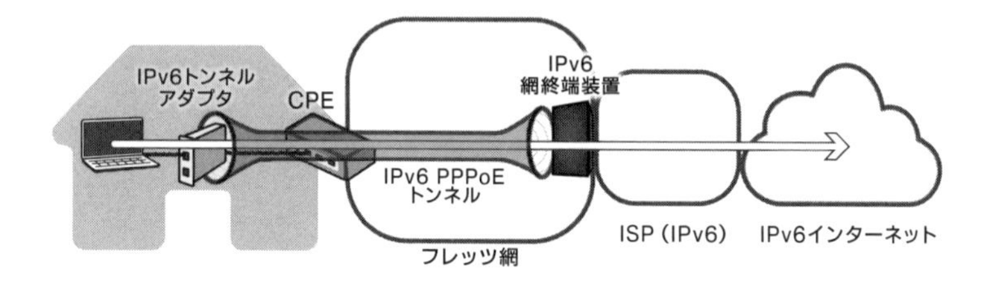

▶ 図3.5 IPv6 PPPoE

IPv6 PPPoE方式でユーザが利用するIPv6アドレスは、ISPに割り振られたIPv6アドレスです。ISPからは、IPv6トンネルアダプタに接続しているユーザの家庭内ネットワークに対し、IPv6のネットワークプレフィックスが割り当てられます。このISPから割り当てられるネットワークプレフィックスのみが、ユーザの家庭内ネットワークで利用されます。

3.3.2 フレッツ網内のサービスへの接続

IPv6 PPPoE方式でユーザに割り当てられたIPv6アドレスは、そのままではフレッツ網内宛のIPv6による通信には利用できません。そこで、フレッツ網内で提供されるサービスとの通信には、IPv6アドレスを別のIPv6アドレスへと変換する**NAT66**が利用されます。トラフィックの宛先がフレッツ網内の場合には、IPv6トンネルアダプタで、送信元IPv6アドレスをフレッツ網のIPv6ネットワークプレフィックスに変換してから転送するのです（図3.6）。このようにIPv6 PPPoE方式では、NAT66を利用することで、フレッツ網内宛の通信とIPv6インターネット宛の通信が両方とも可能になっています。

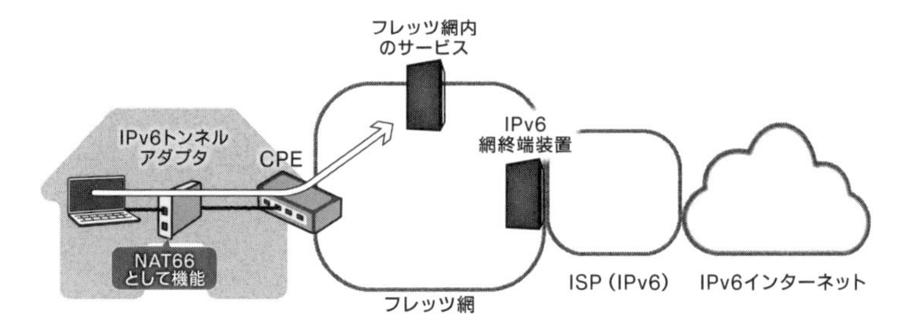

▶図3.6　IPv6 PPPoEのトンネルアダプタで行われるNAT66

3.3.3 IPv4インターネットへの接続

一般のユーザは、IPv6インターネットだけではなく、IPv4インターネットもよく利用します。その場合には、IPv6 PPPoEに加えて、IPv4 PPPoEも利用することになります。具体的には、図3.7のように、IPv4 PPPoEの接続はホームゲートウェイが担当し、IPv6 PPPoEはIPv6トンネルアダプタが担当するという構成になります。なお、これは必ずしも別々の機器が必要という意味ではなく、IPv4 PPPoEとIPv6トンネルアダプタの両方の機能が搭載されたホームゲートウェイが使われる場合もあります。

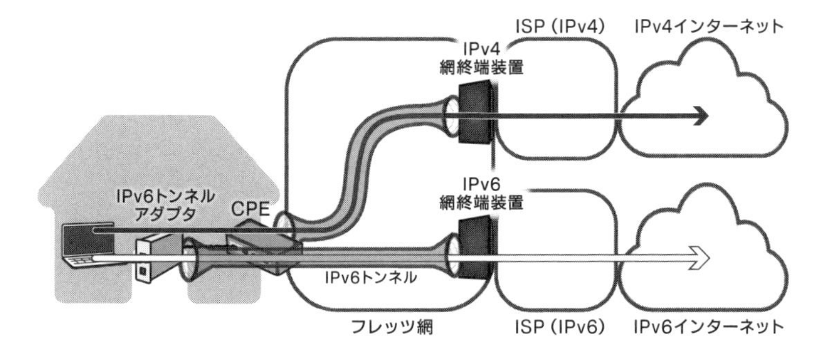

▶図3.7　IPv6 PPPoEとIPv4 PPPoEが両方使われる場合

3.4 IPv6 IPoE方式の詳細

IPv6 IPoE方式では、VNE事業者がNTT東西と契約し、他のISPに代わってフレッツ網を介したIPv6インターネット接続サービスを提供します（図3.8）。ISPは、VNEと契約してVNEの顧客となることで、ユーザに対してIPv6インターネット接続サービスを提供します。v6プラスも、VNEのひとつであるJPIXによって提供される、IPv6 IPoE方式のIPv6インターネット接続サービスです。

VNEは、フレッツ網とインターネットの相互接続を行うために、自社でIPv6ネットワークを運用します。パケットを処理するのはVNEなので、IPv6 IPoE方式ではISPが通信データを直接扱いません。ISPの役割はパケットを処理することではなく、ユーザのアカウントや課金を管理することに特化されます。

NOTE

ISPから見ると、IPv6 IPoE方式での接続形態はローミングサービスに似ています。フレッツ網からのIPv6インターネット接続を、VNEがISPに対しローミングサービスとして提供するというわけです。

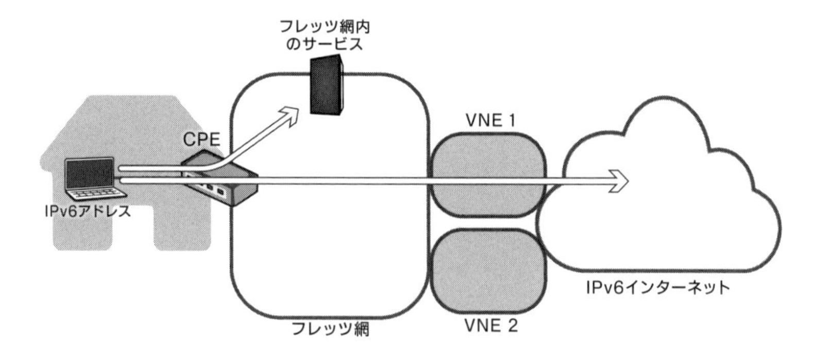

▶ 図3.8　IPv6 IPoEとVNE

3.4.1　IPv6インターネットへの接続

IPv6 IPoE方式では、ユーザからIPv6インターネット宛のパケットが、VNEとの相互接続地点に設置されたゲートウェイルータまでフレッツ網内を転送されます。このとき、「送信元IPv6アドレスをもとにしたPolicy Basedルーティング」という、少し特殊な転送方式が使われます。通常のIPv6ユニキャストパケットは、IPv6ヘッダに記載された宛先IPv6アドレスに応じて転送されるのですが、「送信元IPv6アドレスをもとにしたPolicy Basedルーティング」では、送信元IPv6アドレスも考慮してルーティングが行われるのです。

このような仕組みになっているのは、どのVNEを経由してIPv6インターネットへと転送するかを、各ユーザのIPv6アドレスに応じて決定する必要があるからです。VNEとの相互接続地点にあるゲートウェイルータでは、各パケットの送信元アドレスを見て、そのパケットを適切なVNEへと転送します。

IPv6 IPoE方式でユーザに割り当てられるのはVNEのIPv6アドレスです。もう少し詳しく言うと、ユーザがISPと契約して「IPv6 IPoE方式によるインターネット接続サービス」に申し込んだ場合、そのユーザには「VNEからNTTに預けられたIPv6アドレス」が割り当てられます。IPv6 PPPoE方式ではISPのIPv6アドレスプレフィックスがユーザに割り当てられるので、この点は両方式の大きな違いのひとつです。

なお、IPv6 IPoE方式には、ユーザが利用可能なVNEは1社だけという制約があります。ユーザは、ひとつの回線契約で同時に複数のVNEと契約することができません。これは、ユーザに対して割り当てられるIPv6アドレスプレフィックスが、VNEのIPv6アドレスであるためです。

3.4.2 フレッツ網内のサービスへの接続

IPv6インターネットとの通信でなくフレッツ網内のサービスとのIPv6による通信では、ユーザから送信されるIPv6パケットの宛先IPv6アドレスがフレッツ網内のものになっています。そのようなIPv6パケットは、フレッツ網内のサーバへと、そのまま転送されます。フレッツ網内との通信でNAT66が必要なIPv6 PPPoE方式と比べると、仕組みも比較的シンプルです。

IPv6 IPoE方式には、NTT東西側の設定だけで実現できるという特徴があります。そのため、IPv6 PPPoE方式では必要になるIPv6トンネルアダプタのような追加機器が必要ありません。

3.4.3 網内折り返し

IPv6 IPoE方式には、フレッツ網における**網内折り返し**が利用できるという利点があります。網内折り返しは、VNEを経由せず、フレッツ網内で通信が可能になるという機能です（ただしNTT東西をまたがるような通信に関しては、VNEを経由して折り返されます）。

網内折り返しは、インターネット接続に関するサービスではないので、ISPとの契約で提供される機能ではありません。網内折り返しを利用したいユーザは、ISPとの契約とは独立に、NTT東西と「フレッツ・v6オプション」に契約する必要があります。

3.4.4 IPv4 PPPoEを利用したIPv4インターネットへの接続

IPv6 IPoE方式は、IPv6インターネットを利用するためのサービスなので、IPv4インターネット接続サービスには別途契約が必要です。従来のPPPoE方式でのIPv4インターネット接続サービスを提供しているISPと契約した場合、家庭内ネットワークからインターネットへの接続は図3.9のような構成になります。

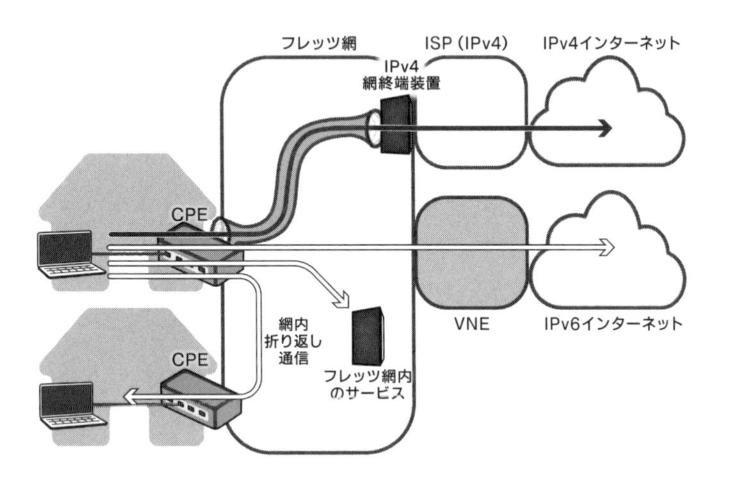

▶ 図3.9 IPv6 IPoE方式とIPv4 PPPoE方式を併用した構成

図3.9の構成では、各家庭内のホームゲートウェイを経由して、IPv4インターネットへの接続サービスとIPv6インターネットへの接続サービスの両方が提供されます。IPv4インターネットへのパケットは、ホームゲートウェイからIPv4網終端装置までフレッツ網内をトンネルで転送され、そこからISPを経由して運ばれます。

3.4.5 IPv4 over IPv6を利用したIPv4インターネットへの接続

v6プラスでは、IPv6 IPoE方式によるIPv6インターネット接続に加えて、IPv4インターネット接続サービスも提供されています。このIPv4インターネット接続サービスでは、IPv4 PPPoEを利用するのではなく、IPv6 IPoEの上を経由するIPv4 over IPv6トンネルが利用されています。IPv4 PPPoEを使わずにIPv4インターネット接続ができることは、v6プラスの非常に大きなポイントです。

v6プラスにおけるIPv4 over IPv6トンネルは、MAP-Eと呼ばれる技術です。MAP-Eについては第4章で詳しく説明します。

第4章

MAP-EによるIPv4インターネット接続

v6プラスでは、IPv4パケットをIPv6パケットでカプセル化してIPv4インターネットへと配送するための技術として、MAP-Eが採用されています。本章では、このMAP-Eの基本的な仕組みを説明します。

MAP-Eの「MAP」は、Mapping of Address and Portの略称です。「アドレスとポートのマッピング」という名前が示すとおり、IPv4アドレスとポート番号をIPv6アドレスにマッピングするのがMAPの大きな特長です。

NOTE

アドレスとポートのマッピングによりIPv4パケットをIPv6ネットワークを通じてやり取りする技術としては、MAP-Eが採用しているカプセル化による方法のほか、パケットの変換によるMAP-Tという方法もあります。MAP-EはRFC 7597で、MAP-TはRFC 7599で、それぞれ規定されています。v6プラスはMAP-Eを採用しているので、本書では主にMAP-Eを中心に解説しますが、MAP-EとMAP-Tの共通部分について説明するときは「MAP」と表記します。

4.1 IPトンネル

MAP-Eは、IPパケットの中に別のIPパケットをカプセル化してそのまま運ぶという技術です。このような技術は一般に**IPトンネル**と呼ばれます。

カプセル化されたパケットにとって、IPトンネルはまさに「トンネル」のような存在であり、通り抜けた先のネットワークまでそのまま届きます。MAP-Eでは、IPv6ネットワーク内に掘られたIPv6トンネルを通じて配送されるので、このようなIPトンネルは**IPv4 over IPv6**と呼ばれています。

IPトンネルは、v6プラスでMAP-Eにより実現されているIPv6トンネルだけでなく、さまざまなところで利用されている技術です。トンネルとカプセル化されるIPのバージョンの組み合わせにより、以下の4種類のIPトンネルが考えられます。

- IPv4パケットをIPv6パケットでカプセル化（IPv4 over IPv6）
- IPv4パケットをIPv4パケットでカプセル化（IPv4 over IPv4）
- IPv6パケットをIPv6パケットでカプセル化（IPv6 over IPv6）
- IPv6パケットをIPv4パケットでカプセル化（IPv6 over IPv4）

MAP-Eは、このうちの「IPv4パケットをIPv6パケットでカプセル化」に相当します。カプセル化されたIPv4パケットが、IPv6ネットワーク内に掘られたIPv6トンネルを通じて配送されます。

NOTE

IPv4パケットをIPv6ネットワークでやり取りする方法としては、カプセル化のほかにパケットの変換による手法もあります。

「IPv4パケットをIPv4パケットでカプセル化」する技術や「IPv6パケットをIPv6パケットでカプセル化」する技術は、IPv4ネットワークやIPv6ネットワークでVPN（Virtual Private Network）を実現するためなどに利用されることがあります。

「IPv6パケットをIPv4パケットでカプセル化」する技術は、IPv6インターネットとの直接の接続性がないネットワークを、IPv4ネットワーク経由でIPv6インターネットと接続するためなどに利用されます。

4.1.1　IPv4 over IPv6としてのMAP-E

IPv4 over IPv6が利用される主な動機として、IPv6とIPv4の両方を同時に運用するデュアルスタックネットワークを可能な限り減らし、ネットワークの運用コストを削減するという側面があります。ネットワークの基幹部分をIPv6のみで構成し、IPv4については最小限の運用コストに抑えようという動機です。

このIPv4 over IPv6をフレッツ網におけるIPv6 IPoEと組み合わせて、IPv6ネットワークを通じてIPv4インターネットとの接続性を実現しようというのが、v6プラスが採用しているMAP-Eです。なお、フレッツ網でVNEを経由してIPv4インターネットへの接続性を実現する手法としては、MAP-Eのほかに第9章で説明するDS-Liteという技術もあります。

他のIPv4 over IPv6の手法と比べたMAP-Eの特長として、複数のユーザで1つのIPv4アドレスを共有する大規模なIPv4 NAT環境を、CGNではない形で実現できるというものもあります。これによりIPv4インターネット接続サービスを提供する事業者がIPv4アドレスを効率的に利用できます。

さらに、IPv4とIPv6の間での変換が軽量であることもMAP-Eの特長です。CGNでは複数ユーザの大規模な状態管理が必要になりますが、MAP-Eでは状態管理をユーザ側に設置されている機器へと分散できます。

4.2 MAP概要

MAP（MAP-EおよびMAP-T）は、IPv6のみで構成されたバックボーンネットワークに接続するユーザに対し、グローバルIPv6アドレスとプライベートIPv4アドレスによるネットワークを提供するための手法です。図4.1に、MAPが利用される環境の全体構成を示します。

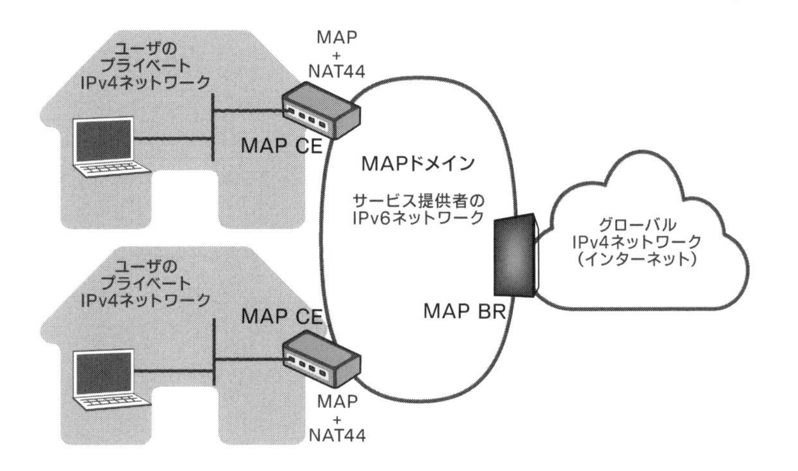

▶ 図4.1　MAPの概要

MAPを利用してIPv4パケットをやり取りするIPv6ネットワークのことを、**MAPドメイン**と呼びます。

MAPドメインでユーザ側に設置される装置を**MAP CE**（Customer Edge）と呼びます。一般に家庭内ネットワークなどに設置されるCPE（ホームゲートウェイやレジデンシャルゲートウェイとも呼ばれる機器）が、MAP CEとして機能することになります。

一方、サービス提供者側に設置される装置を**MAP BR**（Border Relay）と呼びます。MAP BRは、グローバルIPv4アドレスを宛先とするパケットをMAPドメインから転送するために利用されます。

IPv6アドレス宛のパケットについては、カプセル化や変換はせずに、そのまま通信します。ネイティブにIPv6インターネットと接続している形です。IPv6パケットがそのままISPなどのネットワークへと転送されます。

IPv4インターネットへの接続については、IPv4 over IPv6トンネルを経由して通信します。その際には、プライベートIPv4アドレスとグローバルIPv4アドレスの変換も必要です。そのためCPEでは、IPv4パケットとIPv6パケットのカプセル化や変換というMAPそのものの機能に加えて、NATルータとしての機能も提供します。このMAPにおけるNATルータの機能は、IPv4アドレスとIPv4アドレスの変換を行うという意味で、**NAT44**と呼ばれることもあります。

MAP CEは、ユーザからのIPv4パケットの宛先を確認し、それがMAPドメイン外のIPv4アドレスであれば、MAP BRのIPv6アドレスを宛先としてIPv6ネットワークで送信します。このとき、MAP-Eの場合にはIPv4パケットをIPv6パケットでカプセル化し、MAP-Tの場合にはIPv4ヘッダをIPv6ヘッダに変換して送信します。

MAPによるIPv4パケットの送信では、トランスポート層プロトコルが使えるポート番号の範囲がMAP CEごとに決められています。これにより、複数のMAP CEで単一のグローバルIPv4アドレスを共有できるようになっています。この方法でIPv4アドレスとポート番号の範囲によりMAP CEを特定する仕組みは、IPv6アドレスのマッピングでもうまく利用されており、MAPドメインで利用するIPv6アドレスから自動的に計算できるような工夫が施されています。ユーザ側のMAP CEで通信のステートを管理できることから、サービス提供者側の装置ではステートレスな運用が可能です。

4.3 PSID

各MAP CEが利用するポート番号群は、CEごとに割り当てられたPSID（Port-Set Identifiers）と呼ばれる識別子からアルゴリズムで決定されます。PSIDからポート番号をマッピングするアルゴリズムは、GMA（Generalized Modulus Algorithm）と呼ばれ、RFC 7597のAppendix Bで紹介されています。

PSIDは、16ビットのポート番号の一部に対するマスク値として運用されます。あるMAP CEが扱えるポート番号は、このPSIDをその一部として含むようなものです。

連続したポート番号でも飛び飛びのポート番号でも表現可能です。MAP CEは基本的に同じPSIDを使い続けるので、事実上、PSIDがMAP CEに割り当てられたポート番号を示すことになります。

図4.2に、16ビットのポート番号にkビットのPSIDが含まれている状態を示します。各MAP CEが利用できるポート番号は、PSIDの部分を固定値とし、AおよびMの部分を任意の値とするようなものになります。ただし、IANAによってシステムポートとして割り当てられている番号を利用してしまわないように、Aの値は0より大きくする必要があります（Aの長さaが0でない場合）。

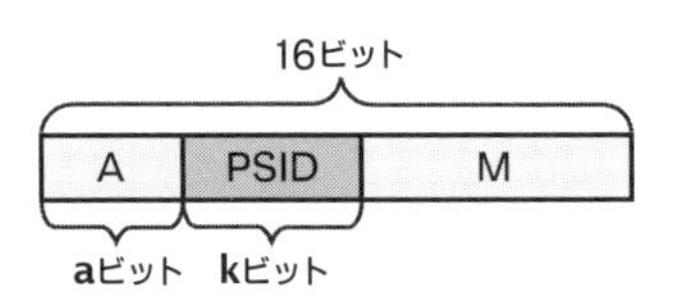

▶図4.2　MAP-EおよびMAP-Tの概要

説明だけだとわかりにくいので、例を見てみましょう。たとえば、aが4、kが8、PSIDが0xfeという割り当てを受けたMAP CEが使えるポート番号のセットを考えます。Aが0となるポート番号は使えないので、このMAP CEが使えるポート番号は表4.1に示す範囲です。

▶表4.1　aが4、kが8、PSIDが0xfeの場合の利用可能なポート番号のセット

セット番号	ポート番号の最小値（括弧内は10進表記）	ポート番号の最大値（括弧内は10進表記）
ポートセット1	0x1fe0（8160）	0x1fef（8175）
ポートセット2	0x2fe0（12256）	0x2fef（12271）
...	...	...
ポートセット14	0xefe0（61408）	0xefef（61423）
ポートセット15	0xffe0（65504）	0xffef（65519）

4.4 MAPドメインで使うIPv6アドレス

MAPドメインで使われるMAP CEのIPv6アドレスは、PSID、MAPドメインに共通の情報（**Rule IPv6プレフィックス**）、それに宛先のIPv4ネットワークを示す**Rule IPv4プレフィックス**から、図4.3のように決まります。

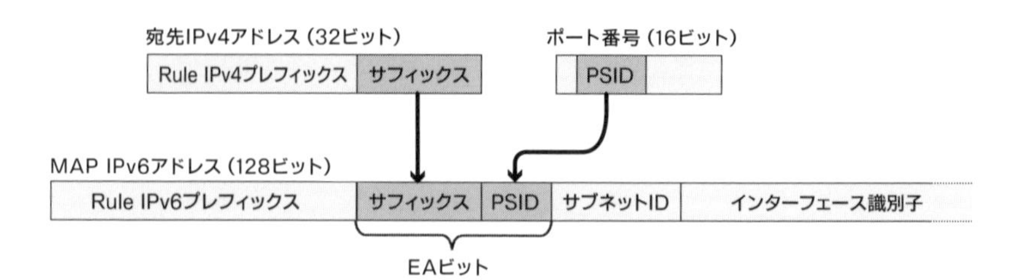

▶ 図4.3　IPv4アドレスとポート番号はEAビットとしてIPv6アドレスに埋め込まれる

MAP CEのIPv4アドレスとポート番号の情報が埋め込まれている部分は、「**EAビット**」と呼ばれます。

「サブネットID」は、IPv6プレフィックスが64ビット未満の場合に使われるフィールドです。

「インターフェース識別子」については、MAP-Eが定義されているRFC 7597では図4.4のように生成方法が定義されています。

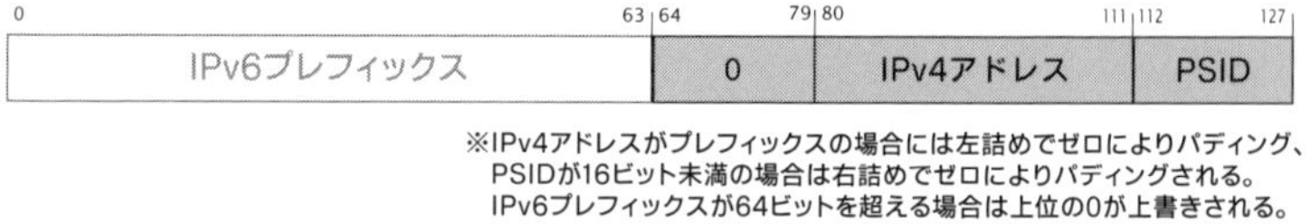

0–63	64–79	80–111	112–127
IPv6プレフィックス	0	IPv4アドレス	PSID

※IPv4アドレスがプレフィックスの場合には左詰めでゼロによりパディング、
PSIDが16ビット未満の場合は右詰めでゼロによりパディングされる。
IPv6プレフィックスが64ビットを超える場合は上位の0が上書きされる。

▶ 図4.4　MAPで利用されるインターフェース識別子

このMAPドメインに共通の情報から生成されるIPv6アドレスから、MAP CEやMAP BRのIPv4アドレスとポート番号の情報が取り出せます。

例を使って説明しましょう。あるMAP CEで、EAビットの長さと、Rule IPv4プレフィックスおよびRule IPv6プレフィックスが、それぞれ以下のように設定されていたとします。

- EAビットの長さ：16ビット
- Rule IPv6プレフィックス：`2001:db8:0000::/40`
- Rule IPv4プレフィックス：`192.0.2.0/24`

また、このMAP CEに割り当てられたIPv6アドレスのプレフィックスは`2001:db8:0012:3400::/56`だったとします。

Rule IPv4プレフィックスの長さが24ビットなので、図4.3のサフィックスの部分の長さは8ビットと決まります。IPv6のプレフィックス`2001:db8:0012:3400::/56`

のサフィックス（先頭の40ビットに続く8ビット）の部分は十進表記で18なので、IPv4アドレスは192.0.2.18です。

さらに、このCEではEAビットの長さが16ビットとされているので、サフィックスの8ビットを除くとPSIDの長さが8ビットに決まります。IPv6のプレフィックス2001:db8:0012:3400::/56のサフィックスに続く8ビットの部分は十進表記で34なので、PSIDは34とわかり、ここからGMAによりポート番号群が計算できます。

NOTE

この節で解説しているインターフェース識別子は、MAP-EのRFCであるRFC 7597に書いてある内容です。v6プラスでは、RFCになる前の提案文書であるInternet Draft（draft-ietf-softwire-map）に記載されているインターフェース識別子を採用しています。そのため、v6プラスのMAPで利用されるIPv6アドレスでのインターフェース識別子は、この節で解説されているものとは異なるという点にご注意ください。v6プラスが採用しているInternet Draftのバージョンは非公開であるため、本書ではv6プラスで利用しているインターフェース識別子の具体的なフォーマットを割愛しています。

4.5 MAPルール

MAPドメイン内でMAP CEやMAP BRが使う共通の情報は、**MAPルール**と呼ばれる情報として伝えられます。MAPルールには、Rule IPv6プレフィックス、Rule IPv4プレフィックス、EAビットの長さが含まれ、どのような場面で使われるかに応じて3つの種類が規定されています。

- Basic Mapping Rule（RFC 7597）
  MAP CEの設定にとって必須のMAPルールで、4.4節の方法でIPv6アドレスからIPv4アドレスとポート番号を導出するのに使われるルールです。
- Forwarding Mapping Rule（RFC 7597）
  MAP CE同士の直接接続で使われるMAPルールです。
- Default Mapping Rule（RFC 7599）
  IPv4パケットに該当するForwarding Mapping Ruleが存在しない場合に選択されるMAPルールです。外部との接続性を提供するMAP BRのIPv6アドレスが設定されます。

v6プラスでは、下記のような用途に応じて、3種類すべてが利用されています。

- Basic Mapping Rule ： MAPドメインの中で自分の所属するルールセットとの通信
- Forwarding Mapping Rule ： MAPドメインの中で自分の所属するルールセット以外との通信
- Default Mapping Rule ： その他のIPv4通信

MAPでは、MAP CEおよびMAP BR自身でポートのマッピングに使うMAPルールやPSIDを何らかの方法で取得し、設定する必要があります。MAP CEに対して各種の設定情報を伝えるための標準的な仕組みとしては、IETFのsoftwireワーキンググループにて標準化されたRFC 7598に、MAP用のDHCPv6オプションがあります[†1]。ただし、v6プラスではDHCPv6オプションによるMAPルールの配布は行われていません（6.1節を参照）。

4.6 MAPにおけるIPv4 NAT

MAPの特長として、IPv4インターネット接続サービス提供にあたって必要となるグローバルIPv4アドレスを節約できるという点が挙げられます。

グローバルIPv4アドレスの節約については、従来、ISPのネットワークなどで大規模NAT（CGN、Carrier Grade NAT）を導入するという手法が知られています。CGNによるNATでは、「ユーザによるプライベートIPv4アドレスでのネットワーク」、「ISPでのCGN配下のIPv4ネットワーク」、「IPv4インターネット」という3種類のIPv4ネットワーク間で変換を行うことから、**NAT444**と呼ばれます。

これに対し、図4.1における「**NAT44**」は、MAP CEに割り当てられたポート番号の範囲内でIPv4アドレス同士の変換を実行するNATの機能を示しています。NAT44では、NAT444と異なり、ユーザがIPv4インターネットと通信するまでにNATを2段経由する必要がありません。

MAP-Eが他の手法に比べて運用コストが低い背景には、サービス提供者側をステートレスにできるという点だけでなく、このように2段NATを回避できるという側面もあります。

IPv4 NATについては、CGN全般の課題を含め、第5章で詳しく説明します。

[†1] RFC 7598は、MAPだけではなく、IPv6ネットワークを通じてIPv4を提供するための一般的なDHCPv6オプションを定義するものです。

4.6.1 NAT44機能の無効化

MAP-Eでポート番号によるIPv4アドレス共有機能を使わず、NAT44としての機能を無効化することもできます。その場合、DS-LiteのAFTRと互換性があるプロトコルになります。実際、NAT44としての機能を無効化したMAP CEで、MAP BRとしてDS-Lite AFTRのIPv6アドレスを設定すると、DS-Lite AFTRを通じてIPv4インターネットとの通信が行えます。v6プラスには「1つのIPv4アドレス割当プラン」という固定IPサービスもあり、このサービスではMAP CEのNAT44としての機能を無効化することができるCPEもあります。

第5章

IPv4 NAT

NAT（Network Address Translation）は、IPパケットが持つIPアドレスを、別のIPアドレスに変換する技術です。

よく知られているのは、家庭内ネットワークなどのプライベートIPv4アドレスとグローバルIPv4アドレスの変換に利用されているNATでしょう。一般に家庭内ネットワークでは複数台の機器から同時にインターネットに接続できますが、ISPなどがユーザに割り当てるIPv4アドレスは通常は1つだけです。この1つのIPv4アドレスを使って、複数の機器からIPv4インターネットに接続するために、IPv4 NATが利用されています。

ユーザにIPv4インターネットへの接続サービスを提供するv6プラスでも、途中経路上の機器ではIPv4 NATが利用されています。そのため、v6プラスについて理解するうえでは、一般的な家庭内ネットワークなどにおけるIPv4 NATの仕組みを知ると同時に、その制約についてもよく認識する必要があります。

さらに、v6プラスの技術を正しく理解するうえでは、CGN（Carrier Grade NAT）と呼ばれる大規模NATに関連した課題にも目を向ける必要があります。CGNは、IPv4アドレス在庫枯渇問題に関連して、サービス提供者側でグローバルIPv4アドレスを節約するために導入されることが増えている技術です。CGNの導入により、複数の契約者間で1つのIPv4アドレスを共有できますが、同時にさまざまな課題を引き起こすことも知られています。

一方、v6プラスでは、MAP-Eを採用していることで、CGNを導入することなく複数の契約者間で1つのIPv4アドレスを共有できます。MAP-Eの採用という技術的選択の意味を知るために、本章ではCGNの概要と課題についても概説します。

NOTE

NATに関する最初の仕様は、1994年5月に発行されたRFC 1631です。RFC 1631で説明されているNATは、IPアドレスだけを変換する技術でした。
これから本章で説明するように、現在のNATでは、TCPとUDPのポート番号を考慮することで、単一のIPアドレスを複数のユーザが同時に利用できるようになっています。これを特にNAPT（Network Address Port Translation）と呼び、IPアドレスだけを変換するNATとは区別する場合もよくあります。実際、2001年に発行されたRFC 3022では、RFC 1631で定義されていたNATを「Basic NAT」、Basic NATとNAPTを合わせて「Traditional NAT」と表現しています。
ただし、昨今ではNAPTのことを含んでNATと表現することが多く、最近のRFCでもNATという表現でNAPTを含んでいることが多々あります。そのため、本書でもNATといったら基本的にNAPTを含むものとします。
なお、1999年に発行されたRFC 2663では、NATに関連する用語の定義が紹介されています。

5.1 一般のNATの背景と仕組み

まずは、家庭内ネットワークなどで使われる一般のNATとプライベートIPv4アドレスについて、その背景と仕組みを簡単に振り返ります。

両者は密接に関係がある仕組みであり、IPv4アドレス在庫枯渇問題に対する短期的な解決策もしくは緩和策として、現在のIPv4インターネットでは広く利用されています。v6プラスが提供するIPv4インターネット接続サービスにおいても、ユーザ側のネットワーク環境の重要な構成要素になっています。

5.1.1 家庭内ネットワークにおいてNATが普及するまで

NATは、インターネットが作られた当初は存在していなかった技術です。NATという技術が誕生し、広く利用されるようになっていったのは、インターネットが一般家庭などにまで急速に普及し始めた1990年代以降のことでした。

NATの普及を支えたのは「ISPから提供される1つのグローバルIPv4アドレスを利用して、プライベートなネットワーク内で複数の機器をインターネットに接続する」という用途です。その状況を説明するために、日本における商用インターネット接続サービスの黎明期までさかのぼってみましょう。

日本で一般向けの商用インターネット接続サービスが開始されたのは、1990年代前半のことです。まだ一般家庭にインターネット専用の回線が敷設されていることは稀だったので、主に電話線を利用したダイアルアップ接続によりインターネットに接続していました。モデムと呼ばれる機器をコンピュータに接続し、それを通じてアクセスポイントまで電話をかけ、そこからインターネットに接続するという方式です。1つの電話回線で同時にインターネットにつなげるパソコンは1台だけですが、一家に1台パソコンがあれば最先端だった時代です。いまのように、パソコンもテレビもスマホも、あるいは家電までもがインターネットにつながる環境ではなかったので、複数の機器をインターネットに接続する必要は通常はありませんでした。

しかし、インターネットの普及につれて、パソコン自体の普及も進みました。さらに、従量課金の電話回線だけでなく、ISDNやADSLといったインターネットへの常時接続サービスも登場してきました。その結果、家庭内で複数台のパソコンを同時にインターネットに接続したいという要求も増えるようになりました。

通常、IPv4インターネットに接続したいユーザは、ISPと契約してIPv4アドレスを割り当ててもらいます。このとき、一般的なISPのサービスでは、ユーザに対してサブネット単位でIPv4アドレスが割り当てられるわけではありません。ISPに割り振りされているIPv4アドレスのブロックから、「単一のIPv4アドレス」がユーザに対して割り当てられます。

つまり、特別な契約をしない限り、ISPがユーザに提供するIPv4アドレスは1つだけです。IPv4アドレスが1つだけなので、ユーザがインターネットにつなげられる機器は同時に1つだけに制限されます。IPv4インターネット側からは、そのIPv4アドレスを持つ1台の機器が接続されているように見えます。

このような環境で、複数の機器をインターネットに接続するために登場したのが**NATルータ**です。個々の機器には「プライベートIPv4アドレス」を設定し、それをNATルータによって「ISPから割り当てられた単一のグローバルIPv4アドレス」に変換することで、複数の機器をインターネットと通信可能にします。本来ならば1台しかつなげないところを、NATルータが仲介することによって、複数の機器が同時に通信できるようにするわけです。NATルータによってIPv4アドレスという限られた資源を複数の機器で共有している点がポイントです。

NOTE

家庭用の簡易なNATルータは、「SOHOルータ」や「ブロードバンドルータ」、あるいは無線LANのアクセスポイントとしても機能する「無線LANルータ」という名前で販売されています。

5.1.2 プライベートIPv4アドレスの登場

NATルータを利用する際、インターネットに直接接続されていない閉じた環境では、プライベートIPv4アドレスが利用されます。プライベートIPv4アドレスは、家庭内ネットワークのほか、マンションで共用回線を使う場合のマンション内LAN、会社内で使うLAN、スマホなどでのテザリングでも利用されます。

いまでは当たり前のように閉じた環境で使われているプライベートIPv4アドレスですが、NATと同様、インターネットが誕生した当初は存在していませんでした。プライベートIPv4アドレスがIANAに予約されたことを示すRFC 1597は、1994年3月に発行されたものであり、途中で追加された仕様であることがわかります。

なお、RFC 1597が発行された1994年3月は、NATに関する最初の仕様であるRFC 1631が発行された1994年5月とわずか2ヶ月しか違いません。この2ヶ月というのは、RFCとして発行されるまでのさまざまな議論や準備に伴う差にすぎず、両者は事実上同時に成立した仕組みです。実際、IETFでは、NATとプライベートIPv4アドレスの両方について同時に議論されていました。

プライベートIPv4アドレスが登場する以前も、インターネットと直接接続しない閉じた環境でTCP/IPを使う通信システムは存在していました。そのようなシステムでは、通信手段としてTCP/IPを利用する以上、それぞれの通信機器に対して何らかのIPアドレスを割り当てる必要があります。当時は、そのような閉じた環境であっても、世界で一意のIPv4アドレスが利用されていました。

しかし、インターネットと通信するわけではない閉じた環境における通信であれば、その組織内においてのみ一意性が保たれるIPv4アドレスを使えば十分です。インターネットと接続しない閉じた環境のために、世界で一意のIPv4アドレスが消費されていけば、いつかIPv4アドレスが足りなくなってしまいます。そこで「閉じた環境であれば自由に使ってよいIPv4アドレスブロック」として生まれたのがプライベートIPv4アドレスです。

言い換えると、プライベートIPv4アドレスは、1994年ごろに考えられたIPv4アドレス在庫枯渇対策とも考えられます。IANAにおいてIPv4アドレスの中央在庫が実際に枯渇したのは2011年のことですが、もしプライベートIPv4アドレスという概念が存在しなかったなら、IPv4アドレス在庫の枯渇はもっと早かったことでしょう。

5.1.3 一般的なNATの仕組み

家庭用のNATルータでは、インターネット側のことを指して「WAN」（Wide Area Network）、家庭内ネットワーク側のことを指して「LAN」（Local Area Network）と表現されていることがよくあります。以降の説明でも、このWANおよびLANという表現を使います。

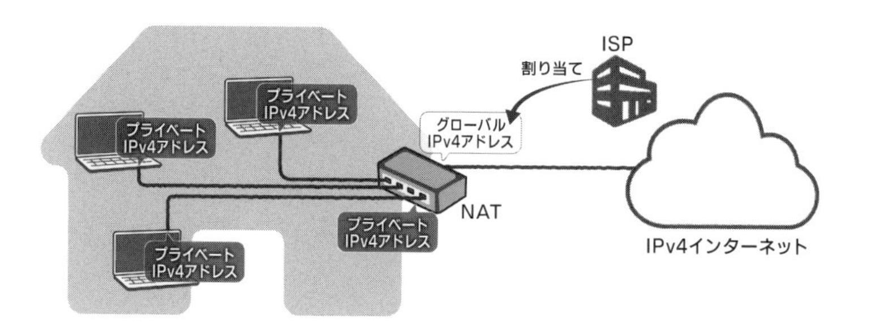

▶図5.1　グローバルIPv4アドレス空間とプライベートIPv4アドレス空間の境界で運用されるNAT

図5.1のような環境で家庭内のパソコンからインターネットに接続するときはプライベートIPv4アドレスが使われます。プライベートIPv4アドレスはあくまでも閉じたネットワークで利用されることを前提としたアドレスであり、インターネットで扱ってはなりません。実際、プライベートIPv4アドレスが送信元や宛先になっているパケットは、インターネットでの転送が禁止されています。

そこでLAN側の送信元プライベートIPv4アドレスは、NATルータによりグローバルIPv4アドレスへと変換されます。NATルータには、「パケットに記載されているIPv4アドレスやポート番号をどのように変換するか」が設定されており、それに従ってIPv4パケットの情報が変換されます。

たとえば、LAN側にあるユーザの手もとの機器から、NATルータを介して、インターネットにあるWebサーバに接続するとします。このとき、ユーザの手もとの機器に設定されているIPv4アドレスはプライベートIPアドレスなので、送信されるIPパケットの情報は以下のようになっています。

- 送信元IPv4アドレス：プライベートIPアドレス
- 宛先IPv4アドレス：WebサーバのグローバルIPアドレス

NATルータを経由してインターネットに送信されるIPパケットでは、これらの情報のうち送信元IPv4アドレスが変換され、次のようになっています。

- 送信元IPv4アドレス：NATルータのWAN側IPv4アドレス（ISPから割り当てら

れたもの）

- 宛先IPv4アドレス：WebサーバのグローバルIPアドレス（変化しない）

NATルータによる変換の結果、「LAN側での送信元IPv4アドレス」と「NATルータを経由したWAN側での送信元IPv4アドレス」の組み合わせなど、LAN側とWAN側のそれぞれのパケットの対応関係を表す情報が決まります。この組み合わせ情報は**NAT binding**と呼ばれ、NATルータはその個々のエントリを**NATテーブル**に保持します。

NOTE

NAT bindingは、RFC 3424、RFC 4787、RFC 5780などで使われている用語で、「結合する」、「組み合わせる」、「束ねて縛る」などの意味を持った"bind"という英単語に由来した表現です。「どのような対応づけが行われているのか」という文脈では、**NAT mapping**と表現されることもあります。

NATルータの実装に依存しますが、多くの場合は以下の9種類の情報がNATテーブルに保持されます。

- プロトコル（TCP、UDP、ICMPなど）
- LAN側での送信元IPアドレス
- LAN側での送信元ポート番号
- LAN側での宛先IPアドレス
- LAN側での宛先ポート番号
- WAN側での送信元IPアドレス
- WAN側での送信元ポート番号
- WAN側での宛先IPアドレス
- WAN側での宛先ポート番号

これらの情報は、プロトコル以外を「LAN側から見た送信元」、「LAN側から見た宛先」、「WAN側から見た送信元」、「WAN側から見た宛先」とまとめて考えて、**5タプル**と表現されることもあります。それぞれNATルータの実装などでは「内部ローカル」、「内部グローバル」、「外部ローカル」、「外部グローバル」と呼ばれることもあります。

■ LAN側からWAN側に接続するには

NATルータを経由してインターネットへと転送されたIPv4パケットは、通常のIPv4パケットと何も変わりません。つまり、インターネットを流れているIPv4パケットがNATルータを経由したものであるかそうではないのか、IPv4パケットを見ただけでは判別できないのです。言い換えると、「インターネットで通信している相手との間にNATがあるかどうか」を判別しにくいということでもあります。

たとえば図5.2のように、同じNATルータを利用する2人のユーザが、2台のPCから同時に、インターネット上のあるWebサーバと通信する場合を考えてみましょう。NATルータを経由したIPパケットの送信元IPv4アドレスは、PC1とPC2の両方のIPパケットともに、NATルータのWAN側に設定されたIPv4アドレスに変換されます。

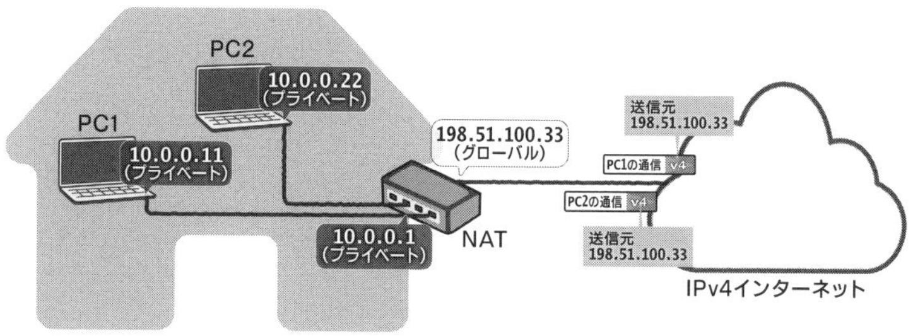

▶ 図5.2　NATルータの例

Webサーバに到達したPC1とPC2のIPv4パケットは、同じ送信元IPv4アドレスを持つパケットになっているので、Webサーバにとっては「同じIPv4アドレスからの通信」に見えてしまいます。このように、NATルータが介在する現在の一般的なインターネット通信では、実際に通信をしている相手が複数台あったとしても、インターネット側からは1つに見えてしまうのです。

今度は、図5.2でNATルータが行っている作業をもう少し詳しく見るために、図5.3のような状況を考えてみましょう。

NATルータのLAN側ネットワークは`10.0.0.0/24`というプライベートIPv4アドレス空間です。それぞれの機器には次のようなプライベートIPv4アドレスが設定されています。

- NATルータのLAN側インターフェースのIPv4アドレス：`10.0.0.1`（PC1のデフォルトゲートウェイになる）

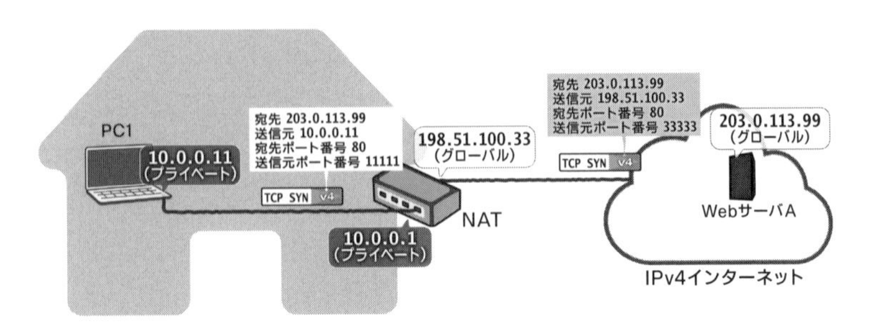

▶ 図5.3　NATルータの例

- PC1のIPv4アドレス：10.0.0.11

一方、NATルータのWAN側インターフェースには、ISPから割り当てられたグローバルIPv4アドレスが設定されています。

- NATルータのWAN側インターフェースのIPv4アドレス：198.51.100.33

このような環境で、PC1からインターネット上にある203.0.113.99というグローバルIPv4アドレスを持つWebサーバAへの通信を考えます。WebサーバAではTCPの80番ポートでWebサーバを立ち上げています。

PC1から最初に送信されるのは、WebサーバAのTCP 80番ポートに接続するためのTCP SYNパケットです。このTCP SYNパケットの送信元ポート番号は11111番になっているものとしましょう。まとめると、このTCP SYNパケットには次のような情報が設定されています。

- 宛先IPv4アドレス：203.0.113.99
- 送信元IPv4アドレス：10.0.0.11
- 宛先ポート番号：80
- 送信元ポート番号：11111

PC1からWebサーバAに対するTCP SYNパケットは、デフォルトゲートウェイであるNATルータのLAN側インターフェースへと送信されます。このTCP SYNパケットを受け取ったNATルータは、TCP SYNパケットの送信元IPv4アドレスを10.0.0.11から198.51.100.33へと変更します。さらに、TCP SYNパケットの送信元TCPポート番号も変更します。ここでは11111から33333に変更したとしましょう。

- 送信元IPv4アドレス：10.0.0.11→198.51.100.33
- 送信元ポート番号：11111→33333

そして、これらの変更前と変更後の情報の組み合わせを、NATルータ内のNATテーブルへと記録しておきます。NATテーブルには表5.1のようなエントリが記録されることになります。

▶表5.1　NATテーブルのエントリ1

プロトコル	TCP
LAN側での宛先IPv4アドレスとポート	203.0.113.99:80
LAN側での送信元IPv4アドレスとポート	10.0.0.11:11111
WAN側での宛先IPv4アドレスとポート	203.0.113.99:80
WAN側での送信元IPv4アドレスとポート	198.51.100.33:33333

NOTE

ここでは送信元IPv4アドレスと送信元ポート番号の変更について説明していますが、これは「IPパケットのヘッダでそれぞれに該当するフィールドを変更する」という意味では必ずしもありません。IPヘッダとTCPヘッダには、パケットに含まれるデータが途中で破損していないことを確認するために、パケットのデータをもとに計算されるチェックサムという値のためのフィールドがあります。NATルータではパケットを書き換えるので、このチェックサムを再計算したうえで、そのフィールドの値も変更する必要があります。NATルータで変更が必要になるのは、IPヘッダにあるIPv4アドレスとTCPヘッダにあるポート番号のフィールドだけではないのです。

NATルータで変換されたTCP SYNパケットは、NATルータのWAN側ネットワークインターフェースのIPv4アドレスを送信元とするパケットとして、WebサーバAに到着します。WebサーバAでは、TCP SYNパケットの接続を許可するために、TCP SYN+ACKパケットを返信します。このTCP SYN+ACKパケットは、送信元IPv4アドレスが203.0.113.99で、宛先TCPポート番号は33333になっています。

NATルータは、WAN側ネットワークインターフェースからパケットを受け取ると、NATテーブルを確認します。NATテーブルには上記のようなエントリがあるので、203.0.113.99からの宛先TCPポート番号33333のパケットは、PC1へのパケットに変換してLAN側へと転送します。結果、LAN側にいるPC1は特に何も気にすることなくWebサーバAと通信できます。

では、このときPC2もWebサーバAとの通信を開始するとどうなるでしょうか。NATルータの挙動をわかりやすくするために、PC2からWebサーバAへの送信元TCPポート番号も11111になっているとします。

PC2からWebサーバAに向けたTCP SYNパケットがNATルータに到着すると、NATルータはTCP SYNパケットの送信元IPv4アドレスを10.0.0.22から198.51.100.33へ変更します。このとき、送信元TCPポート番号についても11111から別の値に変更するのですが、ここでは33334へ変更したものとしましょう。PC1からの通信のときとは、WAN側に対する送信元ポート番号が異なっていることに注目してください。

- 送信元IPv4アドレス：10.0.0.11→198.51.100.33
- 送信元ポート番号：11111→33334

この変更についても、パケット情報の変更の記録がNATテーブルに作成されます（表5.2）。

▶表5.2　NATテーブルのエントリ2

プロトコル	TCP
LAN側での宛先IPv4アドレスとポート	10.0.0.22:80
LAN側での送信元IPv4アドレスとポート	10.0.0.1:11111
WAN側での宛先IPv4アドレスとポート	203.0.113.99:80
WAN側での送信元IPv4アドレスとポート	198.51.100.33:33334

WAN側での送信元ポート番号がPC1からのものとは異なるので、WebサーバAから返信されてくるTCP SYN+ACKパケットの宛先TCPポート番号も異なります。それを受け取ったNATルータでは、NATテーブルを参照することで、このパケットをLAN側に転送する際にはPC2宛のものに変換すればいいとわかります。

NATルータでは、このような仕組みにより、グローバルIPv4アドレスで運用されているインターネット側からNATルータに到達したパケットをプライベートネットワーク内の適切な機器へと転送処理します。IPアドレスとポート番号の変換を同時に行うことで1つのIPv4アドレスを複数台で有効に利用できるようにする仕組みがNATというわけです。

最後に、視点を変えてインターネット側からLAN側との通信を考えてみましょう。

上記で説明した、同じNATルータを利用する2台のPCからのWebサーバAへの通信は、WebサーバAからはどのように見えるのでしょうか。

言われてみれば当たり前の話だと思いますが、WebサーバA側からは、1つのグローバルIPv4アドレス203.0.113.99から2つのTCPのセッションが張られているようにしか見えません。つまり、インターネットの側にあるサーバからの視点で見ると、PC1とPC2という別々の機器からの通信には見えません。1つのIPv4アドレスを複数台で使えるようにするNATルータの存在は、実際にどの端末がインターネットに接続しているかをわかりにくくする存在だといえるのです。

NOTE

TCP/IPでは、送信元アドレスとポート、宛先アドレスとポート、およびプロトコルの5種類の情報で決まる1つの通信を**フロー**と呼びます。NATルータでは「同じフローに属するパケットが同じフローとして扱われる」ようにパケットが変換されているともいえます。

■ NATテーブルからの削除

NATルータでは、LAN側からの通信で生成したNATテーブルのエントリをいつまでも保持するわけではありません。NATルータは物理的な機器であり、記録などに使える資源は有限です。通信がまったく行われていないセッションに割かれている資源は、いつか解放する必要があります。NATテーブルでエントリを継続する期間は**生存時間**や**lifetime**と呼ばれます。lifetimeをどのように設定するかは、NATルータの性能にも影響する重要な要素であり、NATルータの実装や設計に依存します。

一見すると、通信セッションが完了したタイミングでエントリを削除すればよさそうに思えるかもしれません。しかし、たとえばWebブラウジング中にいきなりパソコンの通信ケーブルを抜いてしまい、さらにパソコンの電源を落とした状況を考えてみましょう。Webサーバと通信している最中のパソコンは、Webサーバに対して「TCP接続を終了する」という連絡ができないまま電源を落とされてしまっています。このように、インターネットでは通信セッションが突然途切れることもあるので、「確実にセッションが切れた」判断ができないことが少なくないのが現状です。

この場合、Webサーバ側にはパソコン側で起きた変化を知る術がないので、通信相手が復帰した場合に備えてTCP接続の状態を一定時間維持します。つまりTCPでは、いったん接続が成立すると、相手が突然音信不通になっても一定の期間はTCP接続状態が維持されるのです。

Webサーバでは、その一定時間が経過すればTCP接続の状態を破棄できます。しかし、途中経路にはNATルータもあります。NATルータには、WebサーバにおいてTCP接続の状態が破棄された瞬間を知ることはできません。NATルータがある環境では、LAN側のパソコンとWAN側のWebサーバのどちらか片方、もしくは両方が明示的にTCP接続を終了せずにTCPセッションが消えてしまったような場合、NATルータのNATテーブルに使われることがないゴミが残ってしまうのです。

そのためNATルータでは、NATテーブルに含まれている利用されていないTCP通信を削除するタイミングを自身で決める必要があります。「このTCP通信は破棄された」と判断するタイミングがlifetimeというわけです。

5.1.4 TCP以外のプロトコルの扱い

ここまではTCP通信を例に一般的なNATについて説明してきましたが、NATはTCP以外のプロトコルにも対応しています。ただし、IPv4パケットの送信元IPv4アドレスとポート番号、宛先IPv4アドレスとポート番号をそれぞれ別のものに変換するという単純な処理だけでは実装できません。

まずUDPについては、TCP同様にポート番号があるので、UDPのポート番号をもとにNATテーブルにエントリを追加することで基本的な動作は実現できます。ただしUDPには、TCPにおけるSYN、FIN、RSTのような「通信の開始や終了を明示するパケット」が存在しません。そのためTCPのように接続の開始や維持が明示的でなく、その点でNATでの扱いが難しくなります。NATルータの実装では、「LAN側から通信が発生したときのUDPパケットのポート番号を参考にしてNATテーブルのエントリを追加しつつ、該当するエントリが一定時間使われなければタイムアウトする」といった処理が施されています†1。

ICMPも、UDPと同様に、通信の開始と終了を把握するのが困難なプロトコルです。そのうえ、ICMPにはTCPやUDPにおけるポート番号のような通信のフローを明確にする識別子が存在しないので、NATでの扱いはさらに難しくなります。NATルータの実装では、ICMPパケットのタイプフィールドや中に含まれているメッセージの内容に応じ、ICMPパケットが変換されています。ICMPパケットが運んでいるデータ部分にIPv4アドレスが記述されている場合には、その情報も適切に変更する必要があります。

さらにNATにおける扱いが困難なプロトコルとして、ファイル転送で利用され

---

†1 タイムアウト処理自体はTCPのエントリに対しても実装が必要です。前述のように、TCPにおいてもFINやRSTなどが送信されずに接続が終了する状況が考えられるからです。

るFTP（File Transfer Protocol）や、IP電話などで使われるSIP（Session Initiation Protocol）があります。FTPやSIPでは、TCPセッションが確立した後、そのTCPセッションを通じてIPv4アドレスの情報をやり取りします。同時に張られた複数のセッションを識別して既存セッション中で新規セッションの情報を伝えるために、ペイロード中にIPv4アドレスやポート番号を情報して含むことがあるのです。そのためNATルータでは、FTPやSIPのIPv4パケットを変換する場合、IPヘッダだけではなくTCPパケットのデータ部分に含まれるメッセージの中身も変換する必要があります。TCPパケットの中身を含めて変換する機能は、もはや単なるNATではなく、ALG（Application Level Gateway）と呼ばれています。

■ ALG

SIPやFTPは、ペイロードにIPアドレスに関する情報を含みます。そのようなパケットでNATルータが介在し、IPヘッダやトランスポート層のヘッダを変更しただけだと、通信が成立しなくなる可能性があります。ペイロードにIPアドレスなどの情報を含む通信では、NATルータにおいてペイロードの中身も含めた変換が必要なのです。

この問題を解決するため、各プロトコルの中身を理解しつつ通信に利用されるパケットの変換を行う機器を、ALG（Application Level Gateway）と呼びます。NATを考えるうえでは、いわゆるNATだけではなく、ALGの存在も忘れないことが重要です。

なお、ALGは万能ではありません。たとえば、IPsecを利用して通信が暗号化されている場合には、変換が必要なIPアドレスなどの情報がパケットの暗号化された部分に含まれている可能性があります。途中経路にあるNATルータは、ALGとしての機能を持っていても、その通信の内容を復号できなければパケットを適切に変換できません。

5.1.5 通常のNATとv6プラスのNATの違い

本節では、プライベートIPv4アドレスとグローバルIPv4アドレスを変換するという、一般的なNATルータの動作を簡単に説明しました。最後に、v6プラスにおけるNATと一般的なNATの違いを整理しておきます。

v6プラスでは、フレッツ網でIPv6 IPoEを利用し、JPIXとIPv4 over IPv6トンネルを張ることで、プライベートIPv4アドレス空間からIPv4インターネットへと接続できます。その際、NATに対してグローバルIPv4アドレスを割り当てているのはJPIXになります。すなわち、WAN側のグローバルIPv4アドレスとして設定されるのは、

JPIXに割り振られたグローバルIPv4アドレスです。

v6プラスにおけるNATは、第4章で説明したMAP-Eによるものであり、通常のNATとは異なる部分があります。通常のNATでは、図5.4のように、1つの回線契約に対して1つのグローバルIPv4アドレスが割り当てられます。

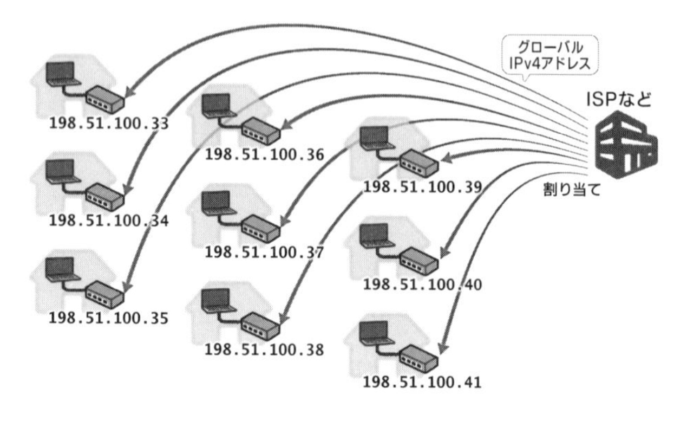

▶ 図5.4　通常のNAT

一方、v6プラスが利用しているMAP-Eでは、図5.5のように複数の回線契約ごとに1つのグローバルIPv4アドレスが割り当てられます。そして、この1つのグローバルIPv4アドレスを複数の回線契約で共有するために、それぞれTCPやUDPにおけるポート番号の範囲が割り振られるようになっています。

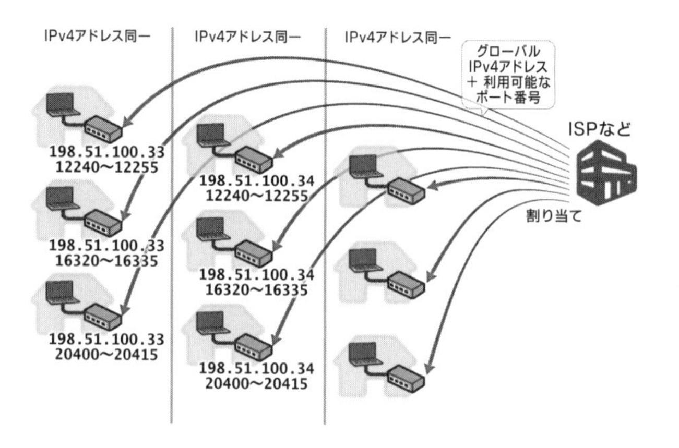

▶ 図5.5　v6プラスでのNAT

v6プラスでは、NATルータが自分自身に割り当てられたグローバルIPv4アドレスとポート番号の範囲を知るのに、MAP-Eにおいて必要な情報を配信するための**ルール配信サーバ**を利用しています。NATルータは、JPIXのネットワークで運用されているルール配信サーバから必要な情報を取得し、指定されたポート番号の範囲でのNATが可能になります（図5.6）。

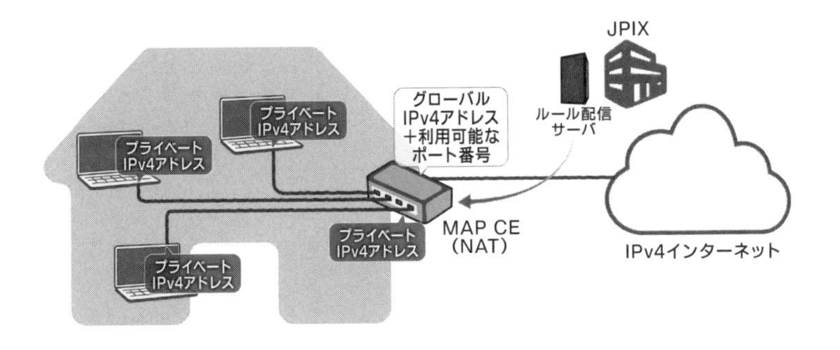

▶ 図5.6　ルール配信サーバでMAP-Eに必要な情報を配信

したがってv6プラスで利用されるNATルータでは、通常のNATルータとしての機能だけでなく、MAP-Eのルール配信サーバから割り当てられる範囲のポート番号のみを利用したNATを実行できる必要があります。これには、「v6プラス対応NATルータ」を利用するか、「既存のNTTホームゲートウェイに対してJPNEソフトウェア（7.2節を参照）をインストールする」という2通りの方法があります。

NOTE

MAP-Eの仕組みについては第4章を参照してください。また、MAP-Eを活用したv6プラスのサービスの詳細については、第6章で説明します。

5.2 いわゆる「NAT越え」

NATルータの内側にあるネットワークは、プライベートIPv4アドレスで運用されています。インターネットからは分離されたネットワークですが、内側から外側であるインターネットへの通信が開始された時点でNATテーブルのエントリが作成され、それによってインターネット側から内側への通信が可能になる場合もあります。言い換えると、インターネット側から内側への通信が可能な場合でも、そのような通信の開始が可能であるとは限りません。また、インターネット側から観測可能なのはあくまでもグローバルアドレスなので、NATの内側で運用されている機器は観測できず、したがってインターネット側から内側の機器を指定する手段も通常はありません。

インターネット側からNATの内側に向けた通信は、NAT機器の実装依存という面はありますが、一般には著しく制限されています。これを可能にしたい場合には、内側にいる通信相手をどのように指定すればよいかを、インターネット側のサーバなどが知る手段が必要です。そのような手法をめぐる課題はUNSAF（UNilateral Self-Address Fixing）と呼ばれており、RFC 3424で満たすべき要件が定義されています[†2]。

UNSAFに対する具体的なプロトコルとしては、STUN（Session Traversal Utilities for NAT）やTURN（Traversal Using Relays around NAT）といったものがあります。STUNやTURNは、P2P的な接続を利用している対戦ゲームや、音声およびビデオ通話のアプリケーションなどで使われています。

5.2.1　STUN

NATの内側で運用されている機器は、自分自身ではインターネット側で見えている自分のグローバルIPv4アドレスを知ることができません。これはP2P的な接続を行うときに問題になります。

たとえば、図5.7のような、NATで運用されたネットワークに接続された機器同士による通信を考えます。図5.7のPC AとPC Bは、それぞれ別のネットワークに接続されていますが、両方とも自分自身のIPv4アドレスを10.0.0.2としています。このとき、PC AもPC Bも、自分自身の情報だけでは、NATルータの外側で使われているグローバルIPv4アドレスを知ることができません。このため、このままではPC AとPC Bの間でP2Pの通信を開始しようと思っても、相手のIPv4アドレスを指定できません。

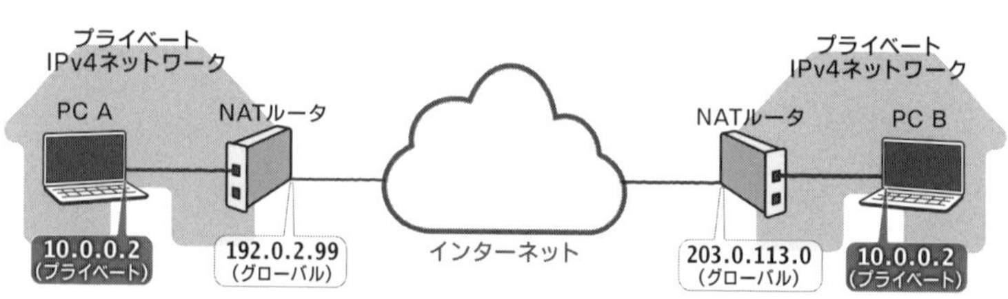

▶図5.7　NATで運用されたネットワークに接続された機器同士

†2 RFC 3424はIABによるInformationalなRFCです。

このような状況でP2P的な通信を実現するためのツールとして考えられたのがSTUNです。図5.8のように、グローバルIPv4アドレスを持つSTUNサーバに対してNATルータの内側で運用されているPCが問い合わせを行い、STUNサーバがPC Aに対して「PC Aからの通信で利用されているグローバルIPv4アドレス」などを伝えます。

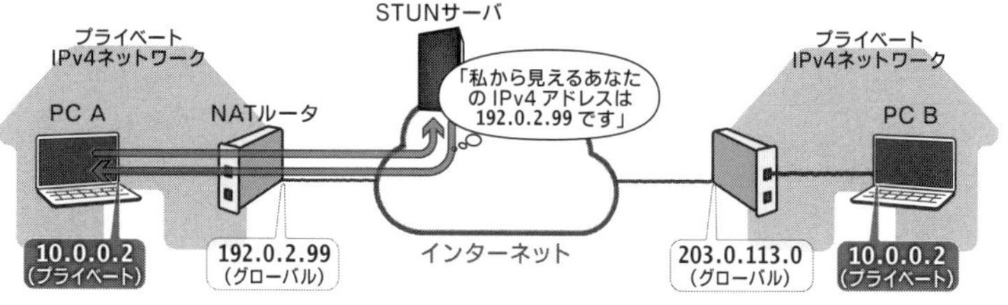

▶ 図5.8　STUNによるグローバルIPv4アドレスの把握

NOTE

STUNは、最初はRFC 3489として定義されました。RFC 3489でのSTUNは "Simple Traversal of UDP through NAT" を意味していました。しかし、RFC 3489は2008年にRFC 5389によって上書きされる形で廃止となり、このRFC 5389においてSTUNは "Session Traversal Utilities for NAT" の略とされました（RFC 5389は2020年にRFC 8489によって廃止されています）。RFC 5389によって名前だけではなくプロトコルの中身も変わったSTUNに対し、RFC 3489で定義されていたプロトコルは旧STUNと呼ばれることもあります。

5.2.2 TURN

NATルータによっては、そもそも外部との直接通信ができない場合もあります。そのような場合には、通信を仲介する機器の手助けが必要になります。その仲介のためのプロトコルが、RFC 5766で定義されているTURNです。TURNはSTUNに対する拡張として定義されています（RFC 5766のタイトルの趣旨も "Relay Extensions to STUN" です）。

TURNの動作環境例を図5.9に示します。TURNサーバは、STUNによるNAT越えが困難な環境に対応するための中継サーバとして機能します。TURNクライアントは、NATの内側のプライベートIPv4アドレス環境に接続されており、TURNサーバを経由して「ピア」と呼ばれる他のノードと通信が可能になります。

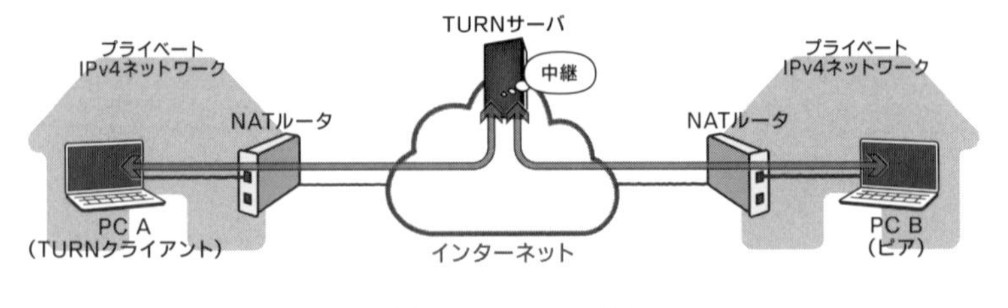

▶ 図5.9 TURNの概要

5.2.3 NATにおける「ポート開放」

NATルータが特定のポート番号へのパケットをインターネットから受け取ったときに、そのパケットをNATの内側の指定した機器へと転送するという手法もあります。こうした方法は「ポート開放」と呼ばれることもあります。

「ポート開放」は、技術的に定義のある用語というわけでなく、指定したポート番号に対する「インターネット側から内側への通信」を可能にする設定を指す慣用的な表現です。ある特定のポート宛のパケットを通過させることから、「ポートフォワーディング」と表現されることもあります。5.1.3項では、「内部から外部」に送信されるTCP SYNなどに伴ってNATテーブルが追加されることを紹介しました。ポート開放を行うと、さらに「外部から内部」に対してトラフィックを開始することも可能にするようなNATテーブルのエントリが追加されます。

たとえば、家庭内LANにある`10.1.2.3`というプライベートIPv4アドレスを持つ機器で、そのTCP 54321番ポートに対してインターネット側からアクセスができるようにしたいという状況を考えてみてください。家庭内LANに設置したNATにおいて「ポート開放」が設定されていない場合は、そのためのNATテーブルのエントリが存在せず、インターネット側からのSYNパケットはNATルータで破棄されます（図5.10）。

ここでNATルータにおいて、インターネット側からのTCP 54321番ポートへの転送が可能になるようにNATテーブルにエントリを追加することで、インターネット側から`10.1.2.3`の機器へのTCP 54321番へのSYNパケットが転送されるようになります（図5.11）。

実際にNATルータでポート開放を行う手法としては、UPnP IGD（Universal Plug and Play Internet Gateway Device）というプロトコルを利用する方法と、手動でNATルータの転送設定を追加する方法があります。

UPnP IGDは、パソコンなどのクライアントがNATルータに対してポート番号な

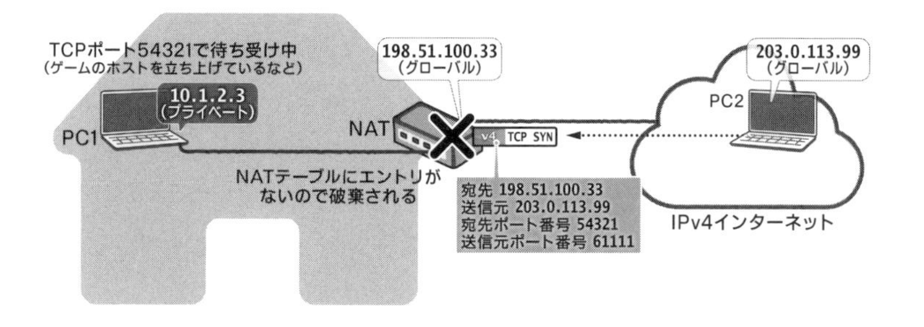

▶図5.10 ポート開放なし

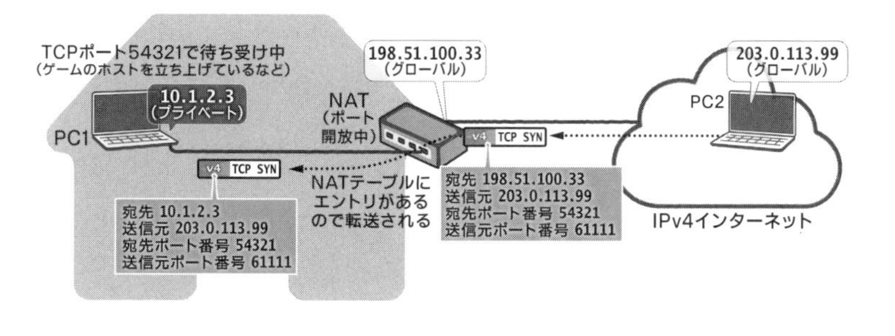

▶図5.11 ポート開放あり

どを指定するという仕組みです。UPnP IGDを使う場合には、NATルータ側でUPnP IGDを利用する設定を有効にしたうえで、UPnP IGDに対応したアプリケーションをユーザが利用する必要があります。ただし、UPnP IGDはセキュリティ上の理由で有効にすることが推奨されていない場合もあるので注意してください。

手動で転送を設定する場合は、NATテーブルへの追加が必要なTCPやUDPなどのプロトコルとポート番号をユーザ自身が把握し、それらを各NATルータが提供している手順で設定することになります。

5.2.4 v6プラスでの「ポート開放」

v6プラスでも、IPv4 NATを行うのはユーザ側に設置されているNATルータです。そのため、NATの外側から内側への通信が必要になるアプリケーションを利用したい場合には、前述したSTUNやTURNを利用してNAT越えのためのポート番号を自動的に取得するか、NATルータに対する「ポート開放」の設定が必要になります。

v6プラスでIPv4 NATのポート開放を設定するときに注意が必要なのは、NATルータからIPv4インターネットへと送信されるパケットのTCPやUDPのポート番号が、JPIXによって割り振られた範囲内になっている必要がある点です。JPIXによって割り振られた範囲外のポート番号を利用してポート開放を設定することはできません。そのNATルータに割り振られていないポート番号を開放を試みる設定はエラーになります。仮にNATルータにおいて範囲外のポート番号の設定そのものに成功したとしても、そのNATルータまでパケットが届かないため、通信が成功しないのです。これは、範囲外のポート番号を宛先とするパケットはJPIXにあるMAP BR（第4章を参照）で破棄されてしまい、ユーザのNATルータまで到達できないからです。

一方、MAP-Eのルール配信サーバから割り当てられたポート番号の範囲内であれば、インターネット側からユーザのNATルータまで、そのポート番号を宛先とするパケットが届きます。したがってv6プラスでポート開放を設定する際は、MAP-Eのルール配信サーバから割り当てられたポート番号に合致した範囲内でNATテーブルのエントリを手動で追加する方法をとることになります。

また、v6プラスではない通常のインターネット接続サービスを利用したIPv4 NATでは、UPnP IGDによるポート開放が利用されることもあります。しかしUPnP IGDは、多くの場合、v6プラスの環境とは相性が良くありません。v6プラスでは、図5.5のように、複数の契約者が1つのグローバルIPv4アドレスを共有し、各契約者にはある範囲のポート番号が割り当てられます。この各契約者に割り当てられているポート番号とは異なるポート番号をUPnP IGDクライアントが指定した場合、NATルータにおけるポート開放が設定されたとしても、そのポート番号に対するパケットがインターネット側からNATルータへと届くことがないのです。UPnP IGDクライアントが組み込まれたアプリケーションにおいて、「NATルータに設定されている、MAP-Eのルール配信サーバから割り当てられたポート番号をSTUNやTURNなどを用いて把握し、そのうえでNATルータに対する要求を行う際に状況に合致するポート番号を指定する」ことが可能であれば、UPnP IGDによるポート開放が利用できるでしょう。

5.3 NAT機器に要求される挙動

前節では多くのNATの動作を「NATルータの実装に依存する」として説明しました。このことからわかるように、NATには明確な仕様が決まっているわけではありません。

とはいえ、NAT機器に要求される挙動については、RFC 4787とRFC 5382でまとめられています。あくまでも大まかな要求事項であり、NATという仕組みを詳細に定義しているわけではありませんが、NAT越えに影響を与える仕様なども紹介されています。

- RFC 4787 “Network Address Translation (NAT) Behavioral Requirements for Unicast UDP”

  ユニキャストUDPにおけるNAT機器の挙動とそれに対する要求がまとめられています。

- RFC 5382 “NAT Behavioral Requirements for TCP”

  RFC 4787に書かれている内容を前提として、TCPにおけるNAT機器の挙動とそれに対する要求がまとめられています。

NAT機器の挙動を論じるにあたり、RFC 4787とRFC 5382では、「マッピング」と「フィルタリング」という2つの側面に分けて考えられています。

- NAT内部で使われるIPv4アドレスおよびポートと、外部で使われるIPv4アドレスおよびポートの対応（マッピング）には、どういう基準が必要か
- NAT内部への転送を許可（フィルタリング）するには、外部からのパケットの何を判断基準とすべきか

たとえば、家庭内ネットワークからIPv4インターネット宛のパケットに含まれる情報をNATルータでどのように変換するかは、マッピングに依存します。一方で、外部から内部への通信の許可や拒否をどう考えるかは、フィルタリングの方法に依存します。マッピングとフィルタリングはまったく別の動作なので、どのようなフィルタリング方法を採用するかがマッピングの手法に依存することはありません。

いわゆるNAT越えを考えるときは、越えるべきNAT機器がどのようなマッピング手法とフィルタリング手法を採用しているかが重要になります。それによりNAT越えを行う際に利用可能なアプローチが推測可能となるからです。

5.3.1 NAT機器におけるマッピングの動作の種類

プライベートIPv4アドレス空間から送信されるパケットは、NAT機器により、グローバルIPv4アドレス空間用のパケットへと書き換えられます。NAT内部のノードから外部のノードへの通信が開始されると、NAT機器では、パケットの送信元IPv4アドレスとポート番号を変換して送り出します。

いま、図5.12のような状況で、NAT内部のノードXからNAT外部のノードY1およびノードY2への通信を考えます。

図5.12では、ノードのIPv4アドレスを大文字で、ポート番号を小文字で表しています。ノードXからノードY1に送信されるパケットの送信元はX:x、宛先はY1:y1

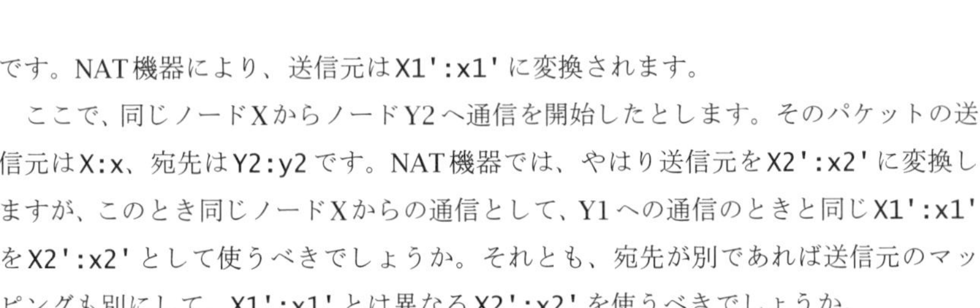

▶ 図5.12　内部ノードから外部ノードへの2つの通信

です。NAT機器により、送信元はX1':x1'に変換されます。

ここで、同じノードXからノードY2へ通信を開始したとします。そのパケットの送信元はX:x、宛先はY2:y2です。NAT機器では、やはり送信元をX2':x2'に変換しますが、このとき同じノードXからの通信として、Y1への通信のときと同じX1':x1'をX2':x2'として使うべきでしょうか。それとも、宛先が別であれば送信元のマッピングも別にして、X1':x1'とは異なるX2':x2'を使うべきでしょうか。

RFC 4787では、この問題について、EIM、ADM、APDMという3種類の動作が示されています。

- EIM（Endpoint-Independent Mapping、エンドポイント非依存マッピング）
  X:xが同じであれば、宛先がY1:y1かY2:y2によらず、X1':x1'とX2':x2'として同じ値を使います。つまり、NAT内部のIPv4アドレスとポート番号の組を、インターネット側にあるノードのIPv4アドレスとポート番号によらず同じものに変換するという動作です。
  たとえばNAT内部から、グローバルIPv4アドレス192.0.2.1を持つインターネット側のノードと、UDPで通信したとします。このとき、NAT機器によって変換されたインターネット側での送信元ポート番号が30000であったとしましょう。さらに同じノードから、別のグローバルIPアドレス203.0.113.2に対する通信が行われたときも、192.0.2.1に対する通信のときと同じ30000というポート番号を再利用するのがEIMです。文字どおり、インターネット側のエンドポイントには依存せず、マッピングを再利用します。
  EIMの概要を図5.13に示します。
- ADM（Address-Dependent Mapping、アドレス依存マッピング）
  同じ内部ノードから、同じグローバルIPv4アドレスを持つインターネット側の

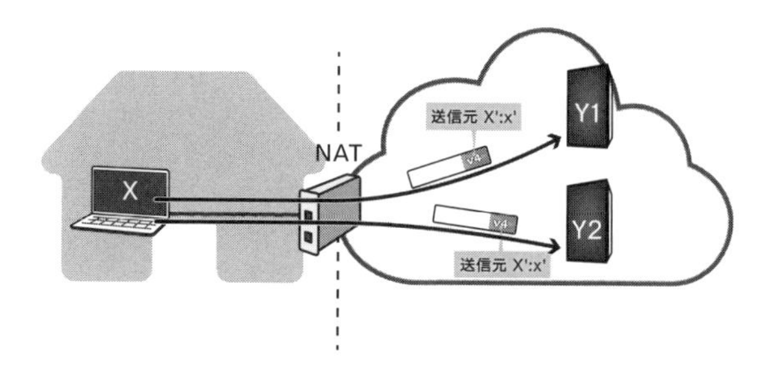

▶ 図5.13　EIM（エンドポイント非依存マッピング）

ノードへの通信では、マッピングを再利用します。異なるグローバルIPv4アドレスを持つノード宛の通信は、同じNAT内部のノードからの通信であっても、異なるマッピングとします。

ADMの概要を図5.14に示します。

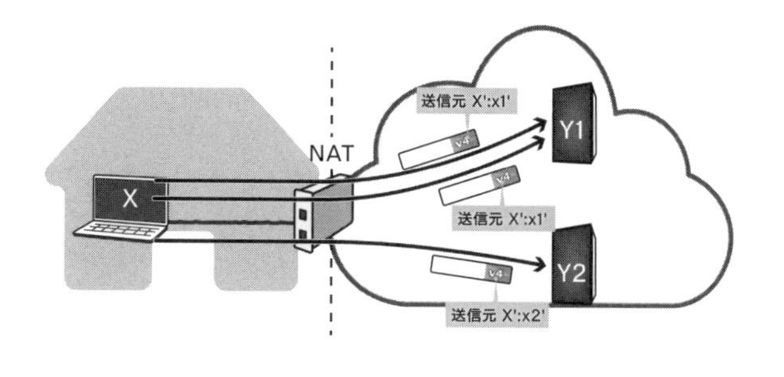

▶ 図5.14　ADM（アドレス依存マッピング）

- APDM（Address and Port-Dependent Mapping、アドレスとポート依存マッピング）

  ADMに加えて、さらにインターネット側ノードのポート番号が同じ場合にのみマッピングを再利用します。

  APDMの概要を図5.15に示します。

RFC 4787とRFC 5382では、NAT機器が満たすべき必須の要件として、EIMによるマッピングを挙げています。EIMにより、UNSAFのプロセスが実行できるようになるからです。v6プラスにおけるNATでも、v6プラス対応メーカーの実装に依存しますが、EIMを実装することが推奨されています。

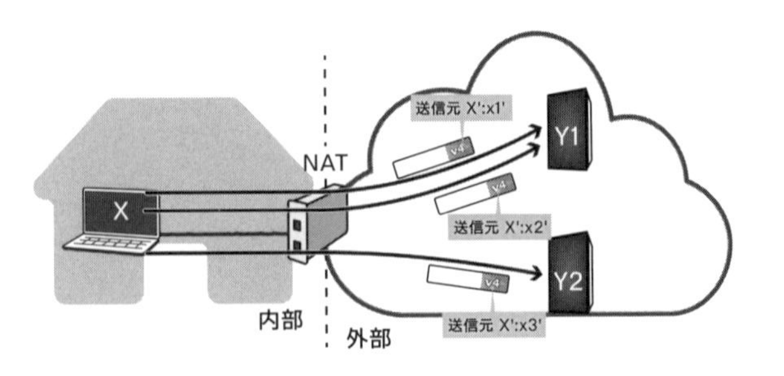

▶図5.15　APDM（アドレスとポート依存マッピング）

5.3.2 NAT機器におけるフィルタリングの動作の種類

NAT内部のノードX（X:x）から、外部のノードY（Y:y）への通信が新たに開始されると、NAT機器ではX:xとY:yの対応が決まります。このとき、送信元をY:yとするパケットを外部から受け取ったNAT機器は、それを内部に転送すべきでしょうか。それともフィルタリングすべきでしょうか。

RFC 4787では、フィルタリングの動作についても3種類の基準を示しています。

- EIF（Endpoint-Independent Filtering、エンドポイント非依存フィルタリング）
  送信元によらず、内部ノードX:xを宛先としないパケットのみが破棄されます。つまり、内部ノードX:xから任意のグローバルIPv4アドレスへの通信があれば、NAT内部へとパケットが転送される穴がNAT機器に構築されます。
  EIFの概要を図5.16に示します。

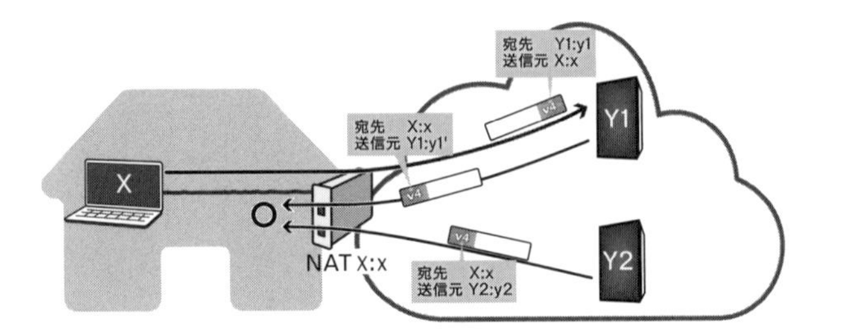

▶図5.16　EIF（エンドポイント非依存フィルタリング）

- ADF（Address-Dependent Filtering、アドレス依存フィルタリング）

 内部ノードX:xを宛先としないパケットは破棄されます。それに加えて、内部からの送信先になったことがある外部のIPv4アドレスを送信元とする返信パケットのみをNAT内部へと転送します。つまり、NAT内部からグローバルIPv4アドレスに対してパケットが送信されたことがあれば、そのグローバルIPv4アドレスからNAT内部へのパケットを通過させるという動作です。

 ADFの概要を図5.17に示します。

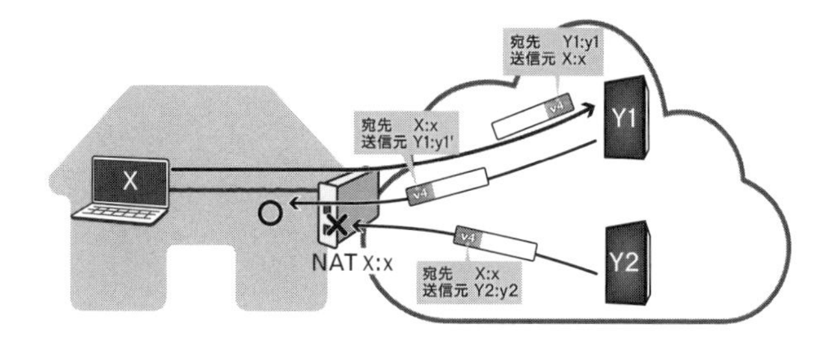

▶ 図5.17　ADF（アドレス依存フィルタリング）

- APDF（Address and Port-Dependent Filtering、アドレスとポート依存フィルタリング）

 ADFに加えて、インターネット側からのパケットの送信元のポート番号についてもフィルタリングの対象にします。つまり、APDFが採用されているNATでは、内部からの送信先になったことがある外部のIPv4アドレスとポートを送信元とする返信パケットのみをNAT内部へと転送します。

 APDFの概要を図5.18に示します。

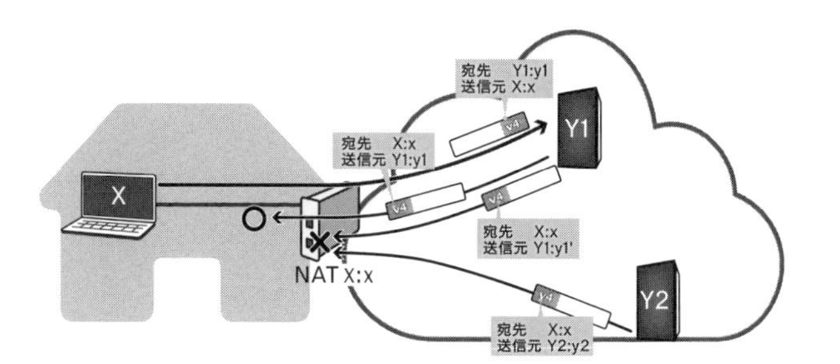

▶ 図5.18　APDF（アドレス依存フィルタリング）

注意が必要なのは、マッピングとフィルタリングは異なる概念である点です。つまり、マッピングの動作がEIMであるかADMであるか、あるいはAPDMであるかは、フィルタリングの動作に影響しません。NAT機器の挙動は、マッピングの挙動とフィルタリングの挙動の組み合わせとしてとらえられます。たとえば、マッピングの挙動はEIMである一方で、フィルタリングの挙動はAPDFという実装も考えられます[†3]。

RFC 4787では、通信の透過性が重要である場合にはEIFによるフィルタリングを推奨しています。UNSAFでは、外部からの通信がNAT機器を越えられるようにするために、通信に使うべきアドレスとポート番号を測定します。NAT機器を通してリアルタイムメディアやオンラインゲームなどのP2P的な接続を利用できるようにすることが考慮された要件だといえるでしょう。

v6プラスにおけるNATでは、フィルタリングはv6プラス対応メーカーの実装に依存します。

5.3.3 NAT機器が満たすべき要件

NAT機器に対する要求仕様の詳細については、本節で説明したアドレスとポートのマッピングおよびフィルタリングに関する挙動をはじめ、さまざまなNATの挙動に対する考慮が必要になります。RFC 4787ではNATの挙動を次のように分類しています。

- アドレスとポートのマッピング
- ポート割り当て
- ポートパリティ（ポート番号の偶奇）
- ポートの連続性
- マッピングの更新
- 外部IPアドレス空間と内部IPアドレス空間の競合に関する挙動
- フィルタリング
- ヘアピニング（NAT機器を通じたエンドノード同士の通信）
- ALG
- 決定論的な性質
- ICMP Destination Unreachableの挙動
- フラグメンテーションに関する挙動

そのうえでRFC 4728では、NATに対する14の要求事項を規定しています。たと

†3 すでに廃止されたRFC 3489において定義されていたPort Restricted Coneがまさにそれです。

えば、ヘアピニングに対応することが必須とされていたり、RTPとRTCPがそれぞれ偶数と奇数のポート番号を利用する仕様を考慮してポートパリティの維持が推奨されたりしています。

■ NATはファイアウォールではない

NAT機器では、内部から外部への通信に応じて、動的にフィルタが追加されます。これはSFI（Stateful Filter Implementation）と呼ばれ、簡易なセキュリティのための手法としてとらえられることがあります。「NATが使われないIPv6はIPv4よりも攻撃を受けやすい」と考えられることさえあります。

そうした考え方に対し、RFC 4864では、NAT機器が実現する簡易なセキュリティ機能は「ないよりマシ程度（‘better than nothing’ level of protection）」でしかないと反論しています。NAT機器によるSFIは、セキュリティを実現する目的で設計されているのではなく、あくまでもNATを実現するためのものです。RFC 4864によれば、SFIはファイアウォールでも実現可能であり、IPv4においてNATのセキュリティ上の貢献だと信じられている機能はIPv6においてもSFIで実現できるとされています。

5.4 大規模なNAT（CGN）とその課題

IPv4アドレス在庫枯渇問題が発生する数年前ごろから、グローバルIPv4アドレスの利用数を圧縮するために、CGN（Carrier Grade NAT）と呼ばれる大規模なNATの利用に注目が集まるようになりました。CGNは、その名のとおり、通信事業者などのネットワークで大規模に運用される形態のNATです。本書を執筆している2021年2月の時点では、ISP、CATV網、スマホ向けIPv4インターネット接続などの環境においてCGNが使われることがあります。

第4章で説明したように、v6プラスではIPv4インターネット接続にMAP-Eを採用しており、これにより大規模NATの機能も実現されています。そのため、CGNそのものを導入しなくても、必要なグローバルIPv4アドレスの利用数を圧縮して節約できています。

とはいえ、IPv4アドレス在庫枯渇問題に伴って発生しがちな一般的な課題については、v6プラスでも似た問題への対処が必要になるでしょう。MAP-Eで実現しているNATについて理解するという意味でも、CGNに関連する議論を背景として押さえておくとv6プラスへの理解が深まるでしょう。

そこで本書では、v6プラスにおけるNATの解説を補足するために、ISPで導入されることがあるCGNについて紹介します。

5.4.1 CGNと一般のNATの違い

CGNの仕組みは、基本的には家庭内ネットワークなどで利用される一般のNATと同じです。ただし、導入の目的と利用環境（1つのIPv4アドレスを利用する契約の数）がCGNと一般のNATとでは大きく異なります。

■ 導入目的の違い

一般のNATには、「ISPから割り当てられる1つのIPv4アドレスで複数の機器をインターネットにつなぐ」という目的があります。通常、ユーザがISPと契約すると、その契約回線に対して動的にグローバルIPv4アドレスが割り当てられます。この1つのグローバルIPv4アドレスで、プライベートIPv4アドレス空間に接続した複数の機器からインターネットを利用するのが一般のNATの導入目的です。

それに対し、CGNの導入目的は、グローバルIPv4アドレスの利用数を節約することにあります。具体的には、1つの回線契約ごとに1つのグローバルIPv4アドレスを割り当てるのではなく、1つのグローバルIPv4アドレスを複数の回線契約で共有することを目指します。1つの回線契約ごとに1つのグローバルIPv4アドレスを割り当てると、回線契約数と同じ数だけのグローバルIPv4アドレスが必要になりますが、複数の回線契約を集約することで、より少ないグローバルIPv4アドレスでのインターネット接続サービスを多くのユーザに提供できるようになります。

■ 利用環境の違い

CGNは、グローバルIPv4アドレスとプライベートIPv4アドレスを変換するNAT機器の場所も、一般のNATとは異なります。

一般的なNATでは、回線契約を行っているユーザ側が運用するNAT機器によりアドレス変換を行います。それに対し、CGNでは、ISPのような通信事業者の構内でNAT機器を運用し、その1つの機器に多くの契約者が集約されます。

一般的なNAT機器が扱うグローバルIPv4アドレスは、1つのプライベートネットワークごとに1つだけです。一方、CGNでは、単一のNAT機器が複数のグローバルIPv4アドレスを利用します。CGNでは扱っているプライベートネットワークの規模が大きいので、1つのプライベートネットワークに対して複数のグローバルIPv4アドレスを使うことになるからです。

なぜ、プライベートネットワークの規模が大きくなると、複数のグローバルIPv4アドレスが必要になるのでしょうか。実は、NAT機器には同時に扱える通信セッション数に論理的な上限があり、その上限では大規模なネットワークにおける接続サービスに支障が生じるのです。

ここで、NAT機器では「同じフローに属するパケットが同じフローとして扱われる」ようにパケットを変換するということを思い出してください。すでに説明したように、フローは、送信元アドレスとポート、宛先アドレスとポート、およびプロトコルの5種類の情報で決まります。このフローを一意に識別できる数が、NATにおける同時通信セッション数の論理的な上限になります。

TCPの80番ポートを利用するWeb通信で考えてみましょう。TCPヘッダのポート番号フィールドは16ビットなので、ポートとして利用できる値は65536（もしくは、16ビットがすべて0の場合とすべて1の場合を除いた65534）個です。したがって、グローバルIPv4アドレスが1つであれば、一意に識別できるフローは65536が上限になります。ある特定のグローバルIPv4アドレスに対してNATが扱える通信セッションの数は、NATで利用されるグローバルIPv4アドレスの数によって論理的に制限されてしまうということです。このように論理的な同時接続数の上限が存在するので、大規模なプライベートネットワーク向けのCGNでは、複数のグローバルIPv4アドレスを利用する必要があるのです。

さらに、ユーザごとに同時に通信が可能なセッション数に上限を設定できる機能がCGNに要求される場合もあります。複数のグローバルIPv4アドレスを多数のユーザで共有して使うことが前提なので、たとえば単一のユーザが大量のTCPセッションを確立してしまうと、他のユーザが使える論理的なTCPセッション数が減ってしまうからです。論理的なセッション数の上限だけではなく、CGNの物理的なメモリ量などの物理的な制約もあるので、セッション数の上限についても複数ユーザが条件を共有しなければなりません。

5.4.2 CGNが抱える課題

IPv4アドレス在庫が枯渇すると、ISPはこれまでのように「必要になったら新しいIPv4アドレスを申請して割り振りを受ける」ことができなくなります。これは、IPv4アドレスの総量がこれ以上増えなくなるということであり、ISPはそれまで割り振りを受けたIPv4アドレスを節約しながら使い続けなければなりません。その節約の手段としてCGNが活用されることが増えていますが、CGNには単純にユーザに対してグローバルIPv4アドレスを配布する従来型のインターネット接続サービスと比較すると、さまざまな課題もあります。

v6プラスはCGNとは直接関係しないので、ここで挙げる課題はv6プラスが抱える問題というわけではありません。ただし、CGNに限らず大規模NATで一般的に課題となりうる問題については、v6プラスで採用されているMAP-Eでも類似した問題が発生する可能性があります。

■ サーバのアクセスログに関する対応

IPv4でのインターネット接続サービスの裏側で、ISPなどがCGNを利用することが増えると、すでに家庭内ネットワークに設置されているNATと合わせて、経路全体で2段階のNATが関与する環境が増えます。これに伴い、Webサービスなどを提供している側にも対応を迫られる課題があります。多くのユーザが同じIPv4アドレスにまとめられてしまうので、Webサーバ側でプログラムを書いたりサーバを管理したりする側の視点から見ると、ユーザとして見える相手のIPv4アドレスのバリエーションが劇的に減ることになるからです。

具体的な対応としては、サーバ側でアクセスログに記載する項目でTCP送信元ポート番号を追加する必要が生じます。ISPなどがCGNを導入すると、そのCGN通過後のグローバルIPv4アドレスは複数の契約者によって利用されているものとみなせます。そのため、IPv4アドレスをアクセスログに残すだけでは、実際に通信を行った契約回線を特定できません。契約回線を特定するためには、IPv4アドレスとTCPポート番号の両方が必要になるのです。

RFC 6302では、インターネットに接続されたサーバでは以下の項目をログとして保存することを推奨しています。

- 送信元ポート番号
- タイムスタンプ
- トランスポートプロトコル（たとえばUDPやTCP）
- アプリケーションが複数のポート番号を利用する場合には、宛先ポート番号も

ISPなどでCGNが使われるようになる前は、TCPやUDPのポート番号をWebサーバなどのアクセスログに記載することは稀でした。CGNの普及に伴い、現在ではWebサーバなどのアクセスログにポート番号を記録することが求められるようになりつつあります。日本では、平成27年（2015年）12月9日にプロバイダ責任制限法（「特定電気通信役務提供者の損害賠償責任の制限及び発信者情報の開示に関する法律」）の第4条第1項「発信者情報を定める省令」の一部を改正する省令が公布され、開示の

対象となる発信者情報にポート番号が追加されました[†4]。

なお、サーバのアクセスログについては、NAT機器での時刻情報とサーバログでの時刻情報をどのように同期すればよいかという課題もあります。

サーバのアクセスログに関する大規模NATの課題は、v6プラスでIPv4アドレス共有を実現しているMAP-Eにおいても同様に対処が必要になります。

■ P2P的な通信への対応

対戦型のオンラインゲームや通話アプリケーションなど、ユーザ同士が直接通信するタイプのP2P（Peer-to-Peer）通信は、一般にNATの存在により阻害される可能性があります。CGNでは、NATが家庭だけではなくISPなどのネットワークでも行われることになるので、P2P的な通信がさらに困難になります。

たとえば、多くのSOHOルータで実装されているUPnP IGDによるNAT越えは、CGN環境下では利用できません。UPnPは、その名のとおり、ネットワークに接続された機器を「プラグアンドプレイ」するための標準です。マルチキャストで対応機器を発見し、発見した対応機器に対してSOAPを使って情報取得や制御を行います。IGDは、UPnPでインターネットに接続されたゲートウェイを制御するための機能です。

UPnP IGDは、主にユーザセグメントでの利用を想定された仕様です。実際、UPnPで利用されるマルチキャストアドレスは`239.255.255.250`であり、家庭内にあるNATルータを越えるようなマルチキャストルーティングは考慮されていません。主に同一セグメント内での利用が想定されており、CGNが存在するような環境は想定されていないのです。

ただし、いわゆるNAT越えにはUPnP以外にもさまざまな手法があります（そもそもセキュリティ上の理由によってUPnP機能がデフォルトでは無効の機器も増えています）。たとえば、WebRTCなどで利用されるSTUNも、そうしたNAT越えのための手法のひとつです。CGNが存在する環境でのP2P的な通信は、そうした他の手法を使って対応していくことになるでしょう。

■ 通信セッションの生存時間

CGNが存在する環境では、TCPやUDPなどの通信セッションの生存時間をどれく

---

†4 「特定電気通信役務提供者の損害賠償責任の制限及び発信者情報の開示に関する法律第四条第一項の発信者情報を定める省令」：
`https://elaws.e-gov.go.jp/search/elawsSearch/elaws_search/lsg0500/detail?lawId=414M60000008057`

らいにするかという課題もあります。通信がまったく発生していないセッションに割かれている資源をいつ解放するかによって、単一のNAT機器で収容できるユーザ数も変わってきます。

インターネットにおける通信セッションは、突然途切れることもあるので、「確実にセッションが切れた」と判断できないことも多くあります。たとえば、Webサイトの閲覧中にいきなりパソコンの通信ケーブルを抜けば、その瞬間のTCP接続は途切れてしまいます。

しかし、Webサーバ側にはインターネットの向こう側にいるパソコンの状態はわからないので、通信相手が復帰した場合に備えて、その際のTCP接続の状態が一定時間は維持されます。一定時間が経過すればWebサーバにおけるTCP接続の状態も破棄されますが、途中経路に存在するCGN機器には、Webサーバにおいて TCP接続の状態が破棄された瞬間はわかりません。

そのため、何らかの期間を設定することで「通信が破棄された」ことを自分で判断しなければなりません。この期間が短いと、通信は継続しているにもかかわらずパケットが一定時間送信されなかったことでCGNにおける状態が破棄されてしまい、通信が切断されてしまうという問題が発生する可能性が高まります。その一方で、この期間が長いと利用可能なポート番号が枯渇してしまい、新しい通信セッションが確立できなくなるという問題が発生する可能性が高まります。

■ ジオロケーション

IPv4アドレスは、あまり正確な手法とは言い難いものの、通信相手が物理的に存在している地域の推定に使われることがあります。CGNは複数のユーザを1つのグローバルIPv4アドレスに集約するので、CGNによって集約される範囲によっては、従来よりもIPv4アドレスによる物理的な位置情報の推定誤差が大きくなる可能性があります。

■ ブラックリスト

ネットへの悪質な書き込みや、迷惑メール送信行為に対するブラックリストとして、IPv4アドレスが利用されることがあります。CGNが存在する環境では、複数のユーザが同時に同じグローバルIPv4アドレスを利用するので、ブラックリストにそのうちの一部のIPv4アドレスが登録されてしまうと無実のユーザまでもが影響を受ける可能性があります。

■ 運用コストの増大

CGNでは、複数の契約を1つのIPv4アドレスに集約するために、多くの契約ユーザについてNATによる変換作業を大規模に実行する必要があります。これに伴う運用コストは、CGNの大きな欠点とされています。

集約されたIPv4アドレスに個々の契約ユーザをどのように振り分けるかは、実装に依存します。その手法のひとつとして、TCPやUDPのポート番号をユーザに応じて区分するというものがあります。この手法では、TCPとUDPのポート番号をユーザ単位で割り当てることにより、IPv4パケットに含まれるIPv4アドレスとトランスポート層のポート番号の組から自動的にユーザを判別します。これによりCGNでの処理が効率化できるという特徴があります。

v6プラスで採用されているMAP-Eも、ポート番号を利用したIPv4アドレスの共有手法だといえます。ただし、v6プラスで採用されているMAP-Eでは、NATを行うのはユーザ側にあるCPEです。各CPEは、各契約ユーザが利用可能なIPv4アドレスとポート番号を把握しているので、自律分散的にCGNに類似したIPv4アドレス共有ができます。ポート番号を契約ユーザに割り当てることによって、中央にあるルータがステートレスに運用できることから、負荷分散が可能になっているのです。このため、MAP-EはCGNと比べて運用者の負荷が低く、低コストで実現しやすい方式だといえます。

■ プロトコルに関する課題

ICMPには、TCPやUDPのようなポート番号の概念がないので、NATによる変換を行う際にフローの一意性を確保するために特別な対応が必要です。特に、MTUが小さすぎてパケットが転送できず、かつフラグメンテーションができない場合に送信されるICMP Message Too BigメッセージをCGN機器で転送できないと、Path MTU Discoveryを利用しているアプリケーションが正しく動作せずに通信ができなくなる可能性があります。NATにおけるICMPの扱いについてはRFC 5508で議論されています。なお、ICMPの扱いはNAT64などのIPv4/IPv6トランスレータでも課題とされています。

フラグメンテーションもCGNにおける課題のひとつです。IPv4パケットがフラグメント化されるとき、TCPやUDPなどのトランスポートプロトコルヘッダは、分割されたパケットのうち最初のパケットにのみ含まれます。分割されたパケットのうち2つめ以降にはトランスポートプロトコルのヘッダが含まれないため、CGNにおいて特別な処理が必要となります。

自宅にサーバを設置し、外部からアクセス可能にする手法のひとつとして、ダイナミックDNSが利用されることがあります。ISPによってCGNが運用されるようになると、ダイナミックDNSを利用した外部からのアクセスを実現するのが困難になります。

RFC 6269には、NATなどのIPアドレス共有技術全般における課題がまとめられています。例としてCGN、DS-Lite、NAT64、A+Pなどが登場しますが、個々の技術についての課題というよりは、大規模にIPアドレスを共有することに伴う課題が全般的に議論されています。

RFC 7021には、2013年時点でのCGNによる通信への影響に対する調査結果がまとめられています。

第6章

v6プラス詳解

第3章でフレッツ網とIPv6 IPoEについて、第4章でMAP-Eについて、それぞれ紹介しました。この章では、それらを利用したv6プラスについて、さらに詳しく解説します。

6.1 通信までの一般的シーケンス

ユーザがCPEを起動してからv6プラスが利用できるまでのシーケンスを図6.1に示します。

まず、MAP CEとして稼働するCPEに対して、フレッツ網からIPv6アドレスが割り当てられます。ひかり電話を利用している場合はDHCPv6-PD（DHCPv6-Prefix Delegation）、利用していない場合にはRA（Router Advertisement、ルータ広告）によるIPv6アドレス割り当てが行われます。

RAは、IPv6の基本的な仕組みのひとつです。Router AdvertisementのAdvertisementは、「広告」という意味を持つ英単語です。Router Advertisementメッセージは、ルータの存在をサブネット内に広告すると同時に、ルータと通信する際に必要となる各種情報を伝える役割があります。

DHCPv6-PDは、ブロードバンドルータなどのCPEに対してIPv6アドレスプレフィックスを割り当てる用途に使われます。IPv4ではISPと契約を行っているユーザに対して1つのIPv4アドレスを割り当てる方式が一般的ですが、IPアドレス空間が大きいIPv6では単一のIPv6アドレスではなくIPv6プレフィックスごとユーザに割り当てる運用もあります。

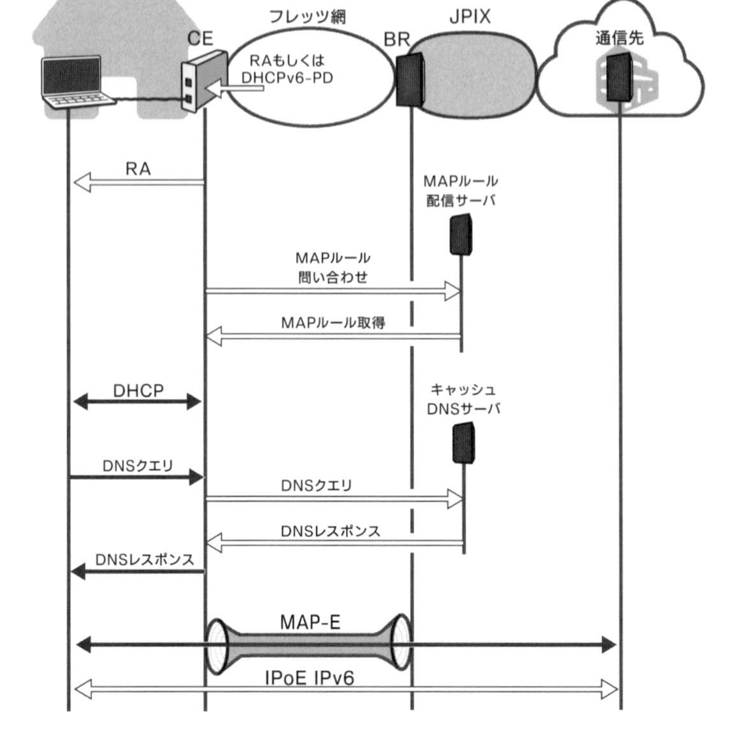

▶ 図6.1　v6プラスでの通信開始までの一般的シーケンス

NOTE

本書では、RAおよびDHCPv6-PDに関する詳細は割愛します。これらIPv6そのものに関する詳しい情報は、本書の著者の一人である小川晃通による『プロフェッショナルIPv6』（ラムダノート、2018年）を参照してください。

ひかり電話の有無によって、IPv6アドレス割り当てがRAによるか、それともDHCPv6-PDによるかが変わるということは、ユーザが利用するネットワークの構成が変わるということでもあります。ひかり電話の有無による構成の違いについては6.2節で解説します。

MAP CEとして稼働するCPEは、MAP BRに関する情報をMAPルール配信サーバに問い合わせます。MAPルール配信サーバからMAP BRの情報を得たMAP CEは、MAP BRへのIPv6トンネルを張ります。このIPv6トンネルを通過して、ユーザからのIPv4

パケットがIPv4インターネットへと運ばれます。

NOTE

MAPルールの配信は、RFC 7598ではDHCPv6による方法が規定されています。v6プラスでDHCPv6によるMAPルールの配信が採用されていない理由としては、DHCPv6サーバがNTT東西によるものである一方でMAP-EがJPIXによるものであることが挙げられます。

MAP CEは、家庭内ネットワークにおいて、IPv4のDHCPサーバとしての役割も果たします。ユーザが利用するパソコンなどの機器に対しては、MAP CEのDHCPサーバからプライベートIPv4アドレスがリースされます。

MAP CEは、IPv4のDNSプロキシとしても機能します。これは、家庭内ネットワークの機器からのIPv4でのDNS問い合わせを、IPv6でJPIXのキャッシュDNSサーバへと中継する機能です。このIPv6でのキャッシュDNSサーバのIPv6アドレスは、フレッツ網からDHCPv6で提供されます。

6.2 ひかり電話の有無で変わるIPv6ネットワーク構成

フレッツ網では、ひかり電話を利用しているかどうかで、ユーザ側のIPv6ネットワーク構成が変わります。

- ひかり電話を利用している場合には、ユーザに対し、フレッツ網からのDHPCv6-PDによって/56のIPv6プレフィックスが割り当てられる
- ひかり電話を利用していない場合には、ユーザに対し、/64のIPv6プレフィックスがRAで送られてくる

このような違いがあることから、v6プラスでも、ひかり電話を利用しているかどうかでIPv6の視点でのネットワーク構成が変わります。

なお、IPv4の視点では、ひかり電話契約の有無によらず、IPv4ネットワークについてはMAP CEをデフォルトルートとする構成になります（図6.2）。

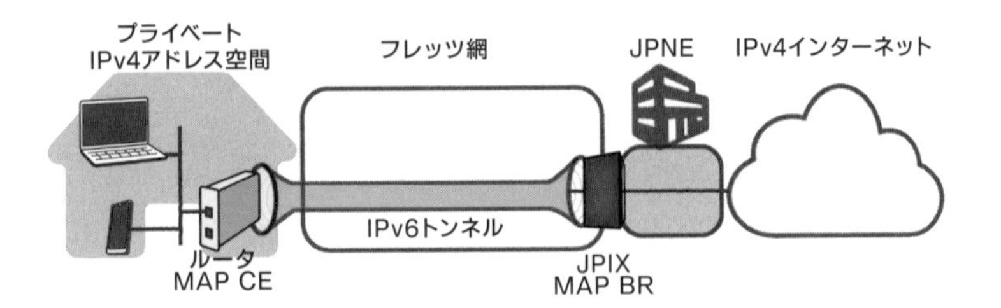

▶ 図6.2　IPv4視点でのv6プラス

6.2.1　ひかり電話の契約がある場合

ひかり電話の契約がある場合には、NTT東西が提供するホームゲートウェイ、もしくは他のルータ製品により、DHCPv6-PDによってIPv6プレフィックスの委任を受けます（図6.3）。

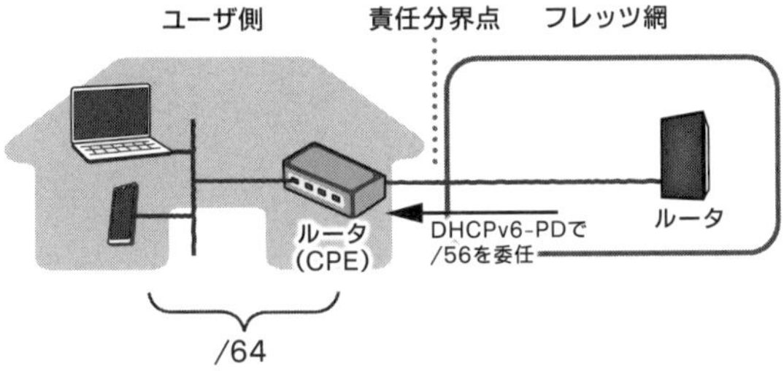

ユーザ側
責任分界点
フレッツ網
ルータ
(CPE)
DHCPv6-PDで
/56を委任
ルータ
/64

▶ 図6.3　ひかり電話ありの構成（IPv6視点）

MAP-Eについては、NTT東西のホームゲートウェイで行う方法と、その他のルータ製品で行う方法があります。このとき、ホームゲートウェイもしくはルータは、ユーザに対してIPv6を提供するルータとなります。

この場合、プライベートIPv4アドレスによるIPv4ネットワークについては、このルータがMAP CEとして稼働することでユーザに提供されます。

■ NTT東西のホームゲートウェイでv6プラスを利用する場合

ひかり電話の契約があり、NTT東西のひかり電話ルーターまたはホームゲートウェイを利用する場合には、MAP-Eの機能を提供するJPNEソフトウェア†1をホームゲー

†1 「JPNEソフトウェア」に関する情報は2023年1月現在のものです。

トウェイにインストールする必要があります。ホームゲートウェイを利用する形でv6プラスの利用を申し込むと自動的にインストールされるので、エンドユーザ側での作業は不要です。

NOTE

ひかり電話契約がなくても、ホームゲートウェイをレンタルできる場合があります。

JPNEソフトウェアは、NTT東西による「フレッツ・ジョイント」というサービスによって配布されています。フレッツ・ジョイントは、事業者がホームゲートウェイに対してフレッツ網からソフトウェアを配信できるようにするサービスです†2。JPIXがNTT東西とフレッツ・ジョイントの契約を行っており、これを通じてJPNEソフトウェアがユーザのホームゲートウェイにインストールできるようになっています。

ホームゲートウェイにJPNEソフトウェアがインストールされると、自動的にMAP-Eが設定されます。v6プラス開通前にホームゲートウェイでIPv4 PPPoEによるIPv4インターネット接続を利用していた場合、JPNEソフトウェアのインストールによるv6プラス開通と同時に自動的にIPv4 PPPoEが無効化され、MAP-Eによるv6プラスに切り替わります。

■ 他のルータでv6プラスを利用する場合

NTT東西のホームゲートウェイでなくても、フレッツ網からのDHCPv6-PDを処理できるIPv6のルータで、MAP CEとして動作できる機器であれば、v6プラスを利用できます。ルータの機種によっては、ひかり電話の設定が可能なものもあります。

6.2.2 ひかり電話の契約がない場合

ひかり電話の契約がない場合には、フレッツ網から/64のRAが送られてきます。そのRAが示すフレッツ網内のルータをデフォルトルートとして設定する必要があります。ひかり電話の契約がある場合と違って、ユーザが設定するデフォルトルートがユーザ宅内になく、フレッツ網にある形になります（図6.4）。

†2 フレッツ・ジョイントについて詳しくはNTT東日本によるFAQページ（http://faq.flets.com/category/show/759）などを参照してください。

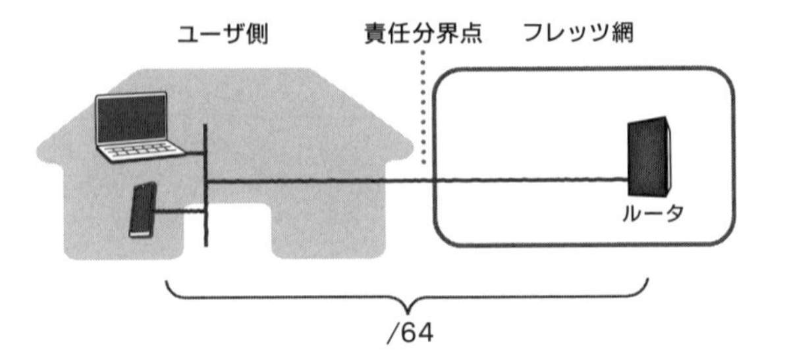

▶ 図6.4　ひかり電話なしの構成（IPv6視点）

ひかり電話の契約がない場合、フレッツ網からRAが提供される/64のセグメントにおいて、ルータはIPv6パススルーを行います。そのため、ユーザが利用するパソコンなどの機器から見ると、そのルータはL3の構成上は透明な存在になります（図6.5）。

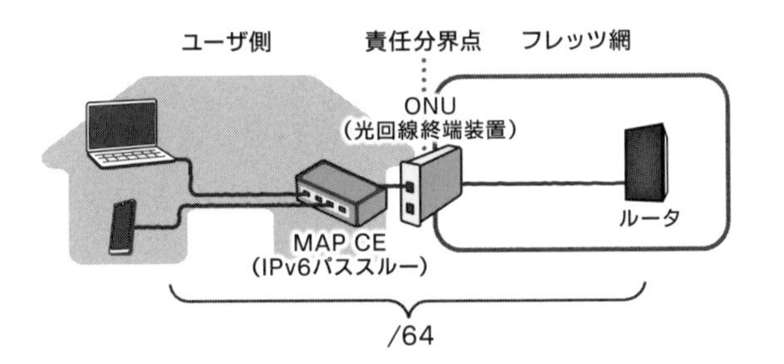

▶ 図6.5　ひかり電話なしの構成（一部L1視点）

この場合、このルータが/64セグメントにおいてMAP CEとして稼働し、MAP-EのためのIPv6トンネルを構成します。そのIPv6トンネルをIPv4インターネット接続のアップリンクとして、プライベートIPv4アドレスによるIPv4ネットワークがユーザに提供されます。

6.3 「v6プラス」固定IPサービス

v6プラスには固定IPv4アドレスのサービスもあります。このサービスでは、JPIXで運用されているBRまで、IPv4 over IPv6のIPIPトンネルを張ります。

この場合には、IPv4 over IPv6トンネルとしてMAP-Eを利用しないので、ルール配信サーバへの問い合わせが発生しません。また、MAP-Eを利用するときのように、ポート番号に関する制限もありません。IPv4によるDNS問い合わせがIPv6でJPIXのキャッシュDNSサーバへと転送される点は、MAP-Eを利用するv6プラスの場合と同様です。

固定IPv4アドレスサービスには、IPv4アドレスを専有する個数に応じて、1 IP、8 IP、16 IP、32 IP、64 IPという種類のサービスがあります。IPv4アドレスを1個専有する1 IPの場合、通常の一般家庭向けIPv4インターネット接続サービス同様に、IPv4 NATを利用することで家庭内で複数の機器に対してインターネット接続環境を用意できます。このとき、図6.6のように、IPv4 NATルータはIPv6トンネルをJPIXのMAP BRに対して張ります。1 IPでは、ユーザが家庭内で利用するIPv4セグメントはプライベートIPv4アドレスによるものになります。

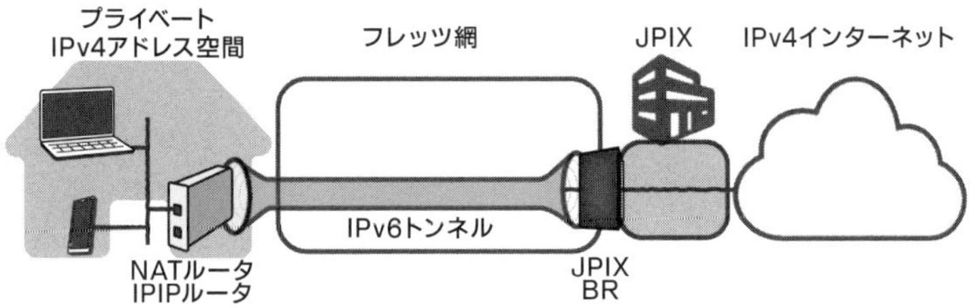

プライベート
IPv4アドレス空間
フレッツ網
JPIX
IPv4インターネット
IPv6トンネル
NATルータ
IPIPルータ
JPIX
BR

▶図6.6 IPv4視点でのv6プラス(1 IPの場合)

8個以上のグローバルIPv4アドレスを専有するサービスでは、ユーザはグローバルIPv4アドレスによるセグメントを運用できます。これらのサービスも、IPv6トンネルをJPIXのBRに対して張る点は、IPv4アドレスを1個専有するサービスと同様です。違いは、ルータがIPv4 NATを行わず、グローバルIPv4アドレスによるルータとして稼働する点です（図6.7）。

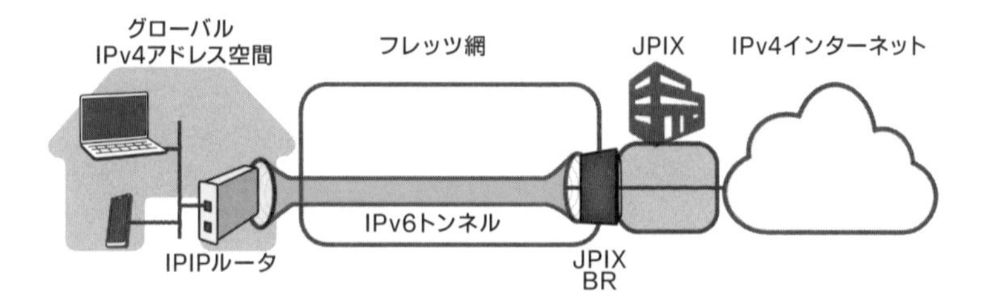

▶ 図6.7　IPv4視点でのv6プラス(8 IP、16 IP、32 IP、64 IPの場合)

NOTE

「v6プラス」固定IPサービスは、通常の共用型の「v6プラス」対応ISPでも取り扱っていない場合があります。サービスの提供の有無に関しては、それぞれのISPにご確認ください。

6.3.1　「v6プラス」固定IPサービスでの通信までの一般的シーケンス

図6.8に固定IPv4アドレスの場合のv6プラスの接続シーケンスを示します。

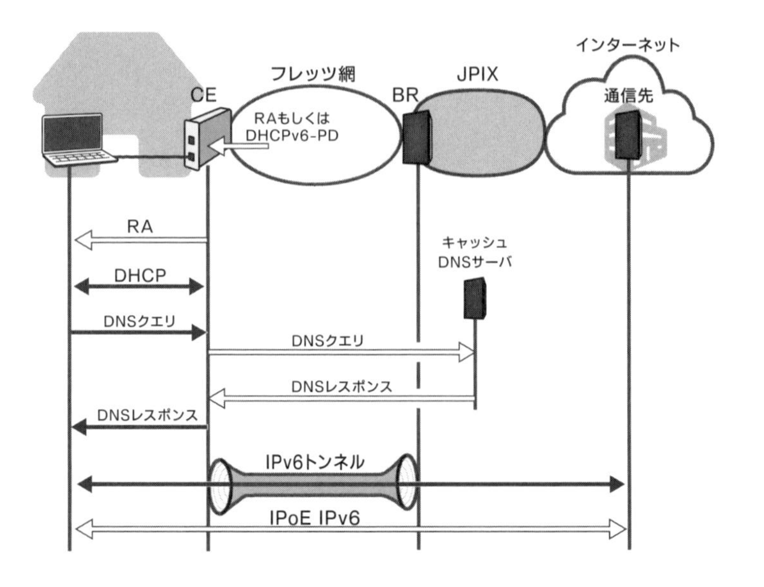

▶ 図6.8　v6プラスでの通信開始までの一般的シーケンス（「v6プラス」固定IPサービス）

マップルールサーバとの通信が不要である以外は、基本的にMAP-Eによるv6プラスの通常サービスと同じシーケンスです。

6.3.2 v6プラスアップデートサーバ

「v6プラス」固定IPサービスでは、v6プラスアップデートサーバが用意されています。フレッツ網においてユーザに割り当てられるIPv6アドレスは、半固定という運用になっています。頻度は多くないものの、ユーザが利用中にフレッツ網から割り当てられているIPv6アドレスが変化してしまうことがあります。

「v6プラス」固定IPサービスは、IPv6トンネルを通じて提供されているため、フレッツ網からユーザに対して割り当てられたIPv6アドレスが変化したとき、IPv4 over IPv6を行っているトンネルの設定も更新する必要があります。そのためには、半固定となっているIPv6アドレスが変化したことをIPIPトンネル設定ルータが知る必要があります。この機能を実現しているのが、v6プラスアップデートサーバです。

「v6プラス」固定IPサービスに対応しているルータは、v6プラスアップデートサーバと定期的に通信を行い、フレッツ網からのIPv6アドレス割り当てが変化したことを検知するとユーザ側のルータとBRの間に張られているIPIPトンネルの設定を更新します。

第7章

エンドユーザ側の必要条件と設定

この章では、v6プラスを利用するためにエンドユーザ側で必要な契約や機器の条件と、v6プラスの利用をISPと契約したエンドユーザ側でのv6プラスの設定について解説します。

7.1 v6プラスの利用条件

v6プラスを利用するために必要なものは、「IPv6 IPoE方式に対応したフレッツ網の回線契約」、「v6プラス対応機器」、「フレッツ・v6オプション」です。

7.1.1 IPv6 IPoE方式に対応したフレッツ網の回線契約

2021年2月現在でIPv6 IPoE方式に対応しているのはフレッツ光ネクスト、フレッツ光ライト、フレッツ光ライトプラスです。NTT東西のホームゲートウェイを利用するかどうかで、必要な回線契約の条件が少し変わります。

- ホームゲートウェイを利用する場合

  フレッツ光ネクストギガスマートを除くサービスの場合には、ひかり電話契約すると提供されるひかり電話ルーターやホームゲートウェイのレンタル契約が必要です。ただし、「ひかり電話タイプ1」および「ひかり電話オフィスタイプ」ではv6プラスは利用できません。

  なお、旧Bフレッツ回線（NTT東日本の「お客さまID」が「COP」から始まる回線）で、2014年9月以前にひかり電話を契約している場合には、ホームゲートウェイによるv6プラスが提供できないひかり電話のタイプ1である可能性もあります。現在利用しているひかり電話のタイプを確認するには、NTT東日本もしくは光コラボレーション事業者への問い合わせが必要です。

- ホームゲートウェイではなくブロードバンドルータを利用する場合
  IPv6 IPoE方式対応のサービスへの契約が必要です。ひかり電話の契約は必須ではありません。

7.1.2 v6プラス対応機器

v6プラスの利用には、NTT東西によるホームゲートウェイか、v6プラスに対応したホームゲートウェイまたはブロードバンドルータが必要です。2021年2月現在、v6プラスに対応しているホームゲートウェイ、ブロードバンドルータの一覧を表7.1に示します。

▶ 表7.1　v6プラス対応機器

メーカー	機種
NTT東西	RT-S300シリーズ、PR-S300シリーズ、RV-S340シリーズ RT-400シリーズ、PR-400シリーズ、RV-440シリーズ RT-500シリーズ、PR-500シリーズ RS-500シリーズ（NTT東日本のみ） PR-600シリーズ、RX-600シリーズ、XG-100シリーズ
バッファロー	WRM-D2133HP、WRM-D2133HS、WRM-D2133HS/W1S WTR-M2133HP、WTR-2133HS、WTR-2133HS/E2S WXR-2533DHP2、WXR-2533DHP WXR-1900DHP3（Ver.2.55以降） WXR-1901DHP3（Ver.2.55以降） WXR-1900DHP2（Ver.2.53以降） WXR-1900DHP（Ver.2.43以降） WXR-1750DHP（Ver.2.52以降） WXR-1750DHP2（Ver.2.52以降） WXR-1751DHP2（Ver.2.52以降）、WXR-5700AX7Sシリーズ WXR-5959AX12シリーズ（Ver.3.04以降） WSR-2533DHP2シリーズ（Ver.1.1以降） WSR-2533DHPL2シリーズ、WSR-1166DHP4シリーズ WSR-1166DHPLシリーズ、WSR-1166DHPL2シリーズ WSR-1800AX4シリーズ、WSR-3200AX4Sシリーズ WSR-5400AX6シリーズ

メーカー	機種
アイ・オー・データ機器	WN-AX1167GR（Ver.3.20以降） WN-AX1167GR/V6（Ver.3.20以降） WN-AX1167GR2、WN-AX2033GR WN-AX2033GR2、WN-SX300FR、WN-SX300GR
NTTドコモ	ドコモ光ルーター 01（ファームウェアバージョン1.2.1以降）
NECプラットフォームズ	Aterm WG2600HS、Aterm WG2600HS2 Aterm WG2600HP3、Aterm WG2600HP4 Aterm WG1900HP2、Aterm WG1800HP4 Aterm WG1200HS3、Aterm WG1200HS4 Aterm WG1200HP3、Aterm WG1200HP4 Aterm WX3000HP、Aterm WX6000HP Aterm WX（AX）1800HP、Aterm GX621A1 Aterm Biz SH621A1
エレコム	WRC-1750GSV、WRC-1167GST2、WRC-1750GST2 WRC-1900GST2、WRC-2533GST2、WRC-2533GS2-B WRC-2533GS2-W、WRC-1167GS2-B、WRC-X3000GS WRC-X3000GSN、WMC-M1267GST2-W、WMC-DLGST2-W WMC-2HC-W、WMC-C2533GST-W WRC-X3200GST3-B
センチュリー・システムズ	FutureNet NXR-G240、FutureNet NXR-G240/L FutureNet NXR-G240/L-CA、FutureNet NXR-G260 FutureNet NXR-G260/L、FutureNet NXR-530 FutureNet NXR-650
ヤマハ	RTX830、RTX1210、NVR510、NVR700W
NEC	UNIVERGE IXシリーズ
TP-Link	ArcherA10、ArcherA2600
Synology	RT2600ac（Ver.1.2.4-8081 Update 2以降） MR2200ac（Ver.1.2.4-8081 Update 2以降）
アライドテレシス	AR4050S/AR3050S、AR2050V、AR1050V AR4050S/3050S/2050V "v6プラス" 設定例（ひかり電話あり） AR4050S/3050S/2050V "v6プラス" 設定例（ひかり電話なし） AR1050V "v6プラス" 設定例（ひかり電話あり） AR1050V "v6プラス" 設定例（ひかり電話なし）
古河電工	FITELnet F220/F221
エフセキュア	F-Secure SENSE （Ver.1.10.0.750以降）
ネットギア	RAX120 （Ver.1.2.0.16以降）

■「v6プラス」固定IPサービスの対応機器

「v6プラス」固定IPサービスを利用するにはIPIPに対応した機器での設定が必要です。以下URLに機種ごとの設定例の掲載があります。

- `https://www.jpne.co.jp/service/v6plus-static/`（2023年1月現在）

■ v6プラス未対応のホームゲートウェイ

ホームゲートウェイには、v6プラス対応ホームゲートウェイと、未対応ホームゲートウェイがあります。NTT西日本エリアではすべてのホームゲートウェイがv6プラス対応ホームゲートウェイですが、東日本エリアでは未対応ホームゲートウェイの可能性があります。

v6プラス対応ホームゲートウェイへの交換には、NTT東日本の116窓口に申し込むという方法があります。光コラボレーション提供事業者と回線を契約している場合には、契約している光コラボレーション事業者に変更を申し込んでください。

7.1.3　フレッツ・v6オプション

フレッツ・v6オプションはIPv6 IPoE方式の提供に必要です。フレッツ・v6オプションへの申し込みが行われていない場合には、IPv6 IPoEを契約できません。このフレッツ・v6オプションはIPv6 IPoE契約と同時に申し込みできます。

IPv6 IPoE方式の契約中にフレッツ・v6オプションを解約すると、IPv6 IPoE方式でのIPv6インターネット接続が利用できなくなります。IPv6 IPoEが利用できなくなるため、IPv6インターネット接続のIPv4オプションであるv6プラスも利用できなくなります。

7.2　v6プラスIPv4設定ソフトウェア

ホームゲートウェイでのv6プラスIPv4設定ソフトウェアの設定方法を解説します。JPNEソフトウェア[†1]とそのインストール方法については6.2.1項も参照してください。

7.2.1　設定画面へのアクセス方法

JPNEソフトウェアが配信済みのホームゲートウェイ配下のネットワークで、`http://ntt.setup:8888/t/` または `http://192.168.1.1:8888/t/` にアクセ

[†1] 「JPNEソフトウェア」に関する情報は2023年1月現在のものです。

スすると、JPNEソフトウェアによる「v6プラスIPv4設定ソフトウェア」を利用できます。

「配信済事業者ソフトウェア一覧」の画面には、図7.1のように、IPv4設定画面へ遷移するためのアイコンが表示されます。この画面から「IPv4設定」のアイコンを選択することで、JPNEソフトウェアを利用できます。

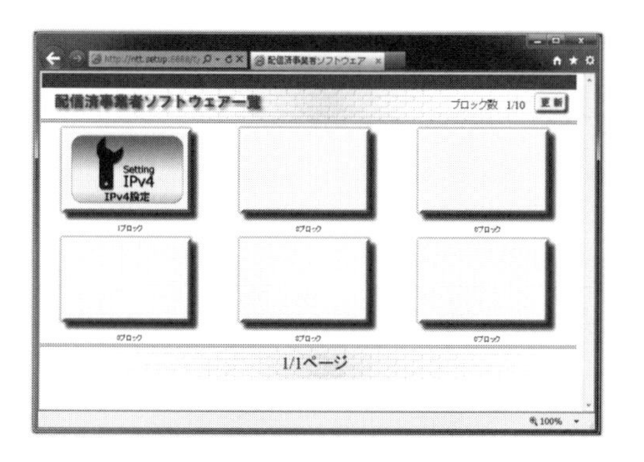

▶ 図7.1　ntt.setupの画面

なお、図7.1に示した画面イメージには「IPv4設定」のアイコンのみが表示されていますが、実際はエンドユーザがISPと契約して配信済みの各種サービスのアイコンがすべて表示されます。表示されるサービスはソートされているので、実際には図7.1と同じ位置に「IPv4設定」のアイコンが表示されているとは限りません。

「IPv4設定」をクリックすると、次の図7.2のような画面が表示されます。

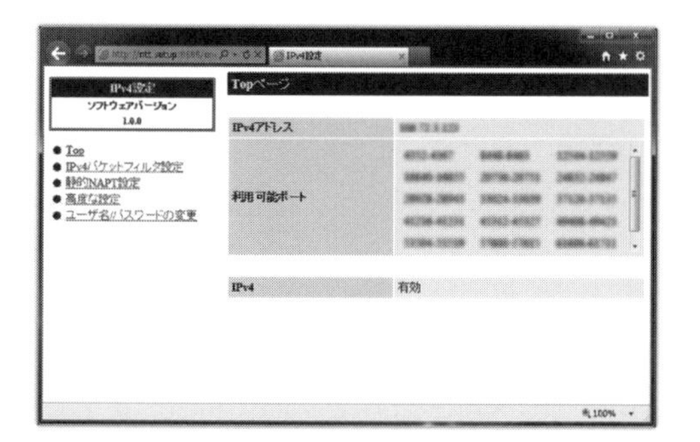

▶ 図7.2　JPNEソフトウェアトップページ

7.2.2 トップ画面からのページ遷移

「IPv4設定」のトップ画面はフレームで構成されており、左側にメニュー、右側に設定内容が表示されます。トップページでは、割り当てられたIPv4アドレスと利用可能なポート番号が右側に表示されています。また、IPv4通信が有効か無効かも表示されます。

このトップページでは各種設定への遷移のみが可能であり、設定できる項目はありません。

JPNEソフトウェアの画面遷移を図7.3に示します。

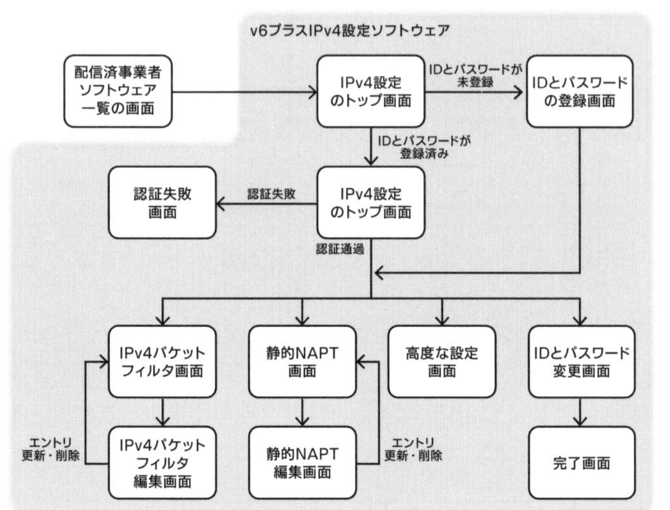

▶ 図7.3　画面遷移図

第8章

FAQとトラブルシューティング

ここまで、v6プラスの背景となる日本のネットワークをめぐる状況と、v6プラスを支える標準化技術について、一通り解説してきました。この章では、前章までに説明した知識を総動員し、v6プラスに対してよくある問い合わせや、エンドユーザが遭遇する可能性が高いトラブルなどを紹介します。ユーザが遭遇しうるトラブルには、v6プラスとは直接関係がないにもかかわらず、v6プラスに起因する問題だとして誤解されることが多いものも含まれます。

8.1 v6プラスへの申し込み

JPIXはB2Bの事業者であり、ユーザが直接JPIXとの契約することはできません。どのISPと契約してv6プラスを開通させたいか、エンドユーザが判断する必要があります。

ISPはエンドユーザの申し込み手続きや課金などの処理を行います。どのISPを経由してv6プラスに申し込んでも、IPv6 IPoE方式の仕組み上、ユーザのIPv6パケットがJPIXを経由することは変わりませんが、申し込みの方法などが異なる場合があります。

8.1.1 ISPから「v6プラスに対応していない」と言われた

フレッツ網においてIPv6 IPoE方式によるIPv6インターネット接続サービスを提供しているVNEはJPIXだけではありません。VNEによっては、MAP-EやDS-Liteなどの国際的に標準化されている技術を採用して、v6プラスとは違う形でIPv4 over IPv6のサービスが提供されていることもあります。

ただし、v6プラスはJPIXによるサービスであり、登録商標でもあるので、JPIXではないVNEと契約しているISPで「v6プラス」が提供されることはありません。ISPがv6プラスのサービスを提供するには、そのISPがJPIXと契約をしている必要があります。

8.1.2 v6プラスの申し込み方法がISPによって異なる

JPIXでは、v6プラスという登録商標を、ISPが提供するサービス名として利用することを許可しています。そのため、VNEとしてJPIXを採用しているISPのサービスで「v6プラス」という名称が使われることもあります。

しかし、それぞれのISPが提供するv6プラスのサービスへの申し込み方法はISPごとに異なります。たとえば、IPv6 IPoE方式によるIPv6インターネット接続サービスへの申し込みと同時でなければv6プラスに申し込めない場合や、逆に別々に申し込みが必要な場合もあります。新規に光ファイバーの契約を申し込んだときに自動的にv6プラスが付いている場合もあれば、そうでない場合もあります。ホームゲートウェイでの利用とその他の対応機器での申し込み方法が違うISPもあります。そうした詳細については各ISPへの問い合わせが必要です。

8.2 v6プラスがつながらない？

各章で説明したように、v6プラスはさまざまな要素技術によって構成されているサービスです。何らかの問題が発生したときには、その解決のために、関連箇所の切り分けが重要になります。

ここでは、そうした問題の切り分けに役立つように、v6プラスに関連して生じることが多い誤解や問題をまとめます。

8.2.1 実はv6プラスに申し込んでいない

v6プラスはJPIXが提供するサービスです。しかし、エンドユーザがJPIXと直接契約するわけではありません。エンドユーザがv6プラスを利用するには、JPIXと契約しているISPへ申し込む必要があります。こうした事情がよく把握できていないと、「v6プラスを利用したサービスに申し込んでいないのでv6プラスが利用できていなかった」という状況に陥ることもありえます。

たとえば、ISPが提供する「IPv6 IPoE方式によるIPv6インターネット接続サービス」に申し込んでいても、その基本プランにIPv4インターネット接続などの「v6プラスのサービス」が付属していない場合があります。ISPによっては、IPv6 IPoE方式によるIPv6インターネット接続サービスへの申し込みとは別に、オプションでv6プラスの申し込みが必要になることもあるので注意が必要です。

また、v6プラスはすべてのVNE事業者が提供しているサービスではないので、IPv6 IPoE方式によるIPv6インターネット接続を提供しているISPであってもv6プラスは利用できない場合もあります。JPIXではないVNE事業者が提供するIPv6 IPoE方式ではv6プラスを利用できません。

8.2.2 v6プラス開通までのタイムラグ

v6プラスは、JPIXがNTT東西のフレッツ網の上で提供するサービスです。エンドユーザからv6プラスへの申し込みを受けたISPは、JPIXへとオーダーを出し、そのオーダーを受けたJPIXは、さらにNTT東西へとオーダーを出します。IPv6 IPoE方式でのIPv6インターネット接続はもちろん、エンドユーザがv6プラスのサービスを利用可能になるのは、NTT東西が設定を行い、エンドユーザに対してJPIXのIPv6アドレスプレフィックスが割り当てられてからです。

そのため、ユーザがv6プラスに申し込んでから実際にサービスを利用できるようになるまでは、どうしてもタイムラグがあります。「申し込んだけど使えない」という状況は、v6プラス開通までのタイムラグである可能性もあります。

8.2.3 対応端末ではないルータだった

v6プラスによるIPv4インターネット接続では、ホームゲートウェイやブロードバンドルータがMAP-EのCEとして動作する必要があります。この機能に対応していないルータではv6プラスが利用できません。v6プラスに対応可能なルータであることを確認したうえで利用してください（7.1.2項を参照）。

8.2.4 IPv4設定が無効になっている

v6プラスは、IPv6 IPoE方式によるIPv6インターネット接続に加えて、IPv4インターネット接続を利用するためのサービスです。しかし、IPv4インターネットとの通信には、パソコンやスマホなどの末端の機器やCPEにおいてIPv4の設定が有効になっている必要があります。これらの機器でIPv4が無効になっていたことでv6プラスでの通信ができないという状況も比較的よく発生しているようです。

8.2.5 サーバ側でIPv4アドレスがブラックリストに登録されている

v6プラスで利用しているIPv4アドレスがWebサービスなどでブラックリストに登録されてしまい、MAP CEにそのIPv4アドレスが割り当てられたエンドユーザがその

Webサイトと通信できなくなる場合がありえます。そのIPv4アドレスがWebサイト側のブラックリストで解除されない限り、そのWebサイトとは通信ができません。通常、ブラックリストの解除には、何らかの方法で相手組織への連絡が必要になります。

8.2.6 IPv4 PPPoEを利用している

パソコンやスマホなどの末端の機器でデフォルトルートに設定されているCPEが、IPv4インターネット接続をIPv4 PPPoEで行っている場合に、v6プラスを利用できていない状況が発生します。v6プラスを利用するには、VNEとしてJPIXを選択してIPv6 IPoE方式によるIPv6インターネット接続を行うと同時に、IPv4インターネットとの接続でもv6プラスを利用する設定にする必要があります。技術的にはIPv6 IPoE方式でのIPv6インターネット接続とIPv4 PPPoEによるIPv4インターネット接続を同時に利用可能なので注意が必要です。

8.2.7 ポートが枯渇した

MAP-EにおけるIPv4アドレスの共有は、ユーザが利用可能なポート番号を制限することで実現しています。そのため、その制限を超えるポート番号を利用すると、ポートが枯渇してしまいます。

誤解されがちな点として、ポートの枯渇が発生するのは、「同一宛先IPv4アドレスかつ同一宛先ポートに対して多数の通信を行った場合のみ」です。MAP-EにおいてIPv4 NATで変換される通信セッションは、5タプルと呼ばれる5つの要素（通信プロトコル、宛先IPv4アドレス、送信元IPv4アドレス、宛先ポート、送信元ポート）によって識別されます。送信元ポート以外の4つの要素がすべて同じ状態で、送信元ポートの差異によってしか識別できない通信が極端に多くなってしまった状態が、MAP-Eにおける「ポートの枯渇」です。

ポートの枯渇が発生する可能性としてもっとも考えられるのは、「IPv4インターネット側の単一のIPv4アドレスを宛先IPv4アドレスとして、TCPもしくはUDPによるセッションが多数の同時に張られる」という状況です。たとえば、単一のWebサイトに対して同時に極端に多くの接続が発生するような場合がありえます。

また、Google Public DNSのようなパブリックのDNSを使って多数の名前解決が発生するといった状況でも、同時に多くのポート番号が消費されることが推測できます。

JPIXによると、これまで実際にポートの枯渇が発生したという観測情報は非常に少ないものの、まったく発生していないわけでもないようです（2021年2月時点）。

8.3 アプリケーションの通信ができない？

v6プラスでは、TCP、UDP、ICMP以外のプロトコルを利用するアプリケーションサービスは利用できません。たとえば、SCTPやPPTPは利用できません。さらに、アプリケーションの通信内容に含まれるIPアドレスなどの情報を利用するSIPやFTPでは、NAT機器においてALGが実装されている必要があります。

ユーザ側でのアプリケーションサーバの公開にも制限があります。MAP CEに割り当てられたポート番号以外でのサーバ公開は、MAP-Eの仕組み上、不可能です。

MAP-EではグローバルIPv4アドレスを複数の契約者で共有する点にも注意が必要です。そのような環境で利用できないアプリケーションもありえます。

8.3.1 UPnP IGDによるNAT越え

MAP-Eはユーザ側の機器でNATを行うので、技術的にはUPnP IGDを利用することが可能です。ただし、v6プラスに対応したすべてのルータでUPnP IGDに対応しているわけではありません。UPnP IGDによるNAT越えが可能であるかどうかは、利用するルータの機種に依存します。

UPnP IGDでは、外部に対してどのポート番号を解放するのかを、ユーザ側が指定します。そのため、MAP-Eにおいて割り当てられたポート番号が何であるかを知る必要があります。多くのv6プラス対応ルータには、MAP-Eによって割り当てられたポート番号を確認する機能があるので、その機能を利用すればUPnP IGDで指定するポート番号がわかります。

UPnP IGDはセキュリティ上の問題を発生させることもあります。多くのルータでは初期設定で無効になっているので、利用する際には注意してください。

8.3.2 オンラインゲームとv6プラス

インターネットを介して対戦相手との通信を行うオンラインゲームでは、P2P的な通信が必要な場合があります。通信サービスにおいてオンラインゲームへの接続性を特に重視するユーザにとって、v6プラスはどのようなサービスなのでしょうか。

v6プラスで採用しているMAP-Eでは、ユーザ側にあるCPE機器でIPv4 NATを行います。その際、従来のNATルータと違って、利用できる送信元ポート番号の数が制限されます。そのため、特定の送信元ポート番号が要求されるような場合には、P2P的な通信で問題が発生する可能性もありえます。

ただし、多くのオンラインゲームは、ユーザ側に対して特定の送信元ポート番号を要求しません。実際、v6プラスが原因で通信ができないという状況が発生しているオンラインゲームは多くないと考えられます。

参考までに、2018年11月のGame Watchの記事[†1][†2]によると、以下のゲームについてはv6プラスを利用したユーザ環境で問題なくプレイできることが検証されています。

- スプラトゥーン2
- マリオカート8デラックス
- マリオテニス エース
- スーパー マリオパーティ
- ファンタシースターオンライン2 クラウド
- Minecraft
- フォートナイト バトルロイヤル
- DARK SOULS REMASTERED

8.4 ユーザ側の機器に問題はないか

v6プラスとは関係なく、ユーザ側の機器の問題で通信ができていなかったり、速度が低下したりしていることも考えられます。本章で挙げた要因で問題が解決しない場合には、たとえば以下のような状況が発生していないか確認してください。

- ルータのセキュリティ設定によってゲームの通信が遮断されていた
- ルータのファームウェアに不具合があった
- 電波干渉などによる無線LAN環境の悪化により速度が出ていない状況だった
- UTPケーブルの品質が低かった
- パソコンなどのネットワークインターフェースに不具合があった
- パソコンなどでMTUの値が小さく設定されていた

これらを確認するほかに、不具合が発生した場合に機器の初期化やパソコンの設定のデフォルト化などを試すという方法もあります。

---

†1 「【特別企画】JPNEの高速回線サービス「v6プラス」でのPS4オンラインプレイを検証」, Game Watch, 2018年11月9日 ：https://game.watch.impress.co.jp/docs/news/1151113.html

†2 「【特別企画】「v6プラス」でのNintendo Switchオンラインプレイを検証」, Game Watch, 2018年11月20日 ：https://game.watch.impress.co.jp/docs/news/1152691.html

8.5 問題の切り分けと確認

問題が発生する可能性がある箇所をユーザ側から順番に見ていくと、ユーザが利用しているパソコンやスマホなどの機器、ホームゲートウェイもしくはブロードバンドルータ、ONUもしくはVDSLモデム、フレッツ網、IPv6インターネット、IPv4インターネットになります（図8.1）。

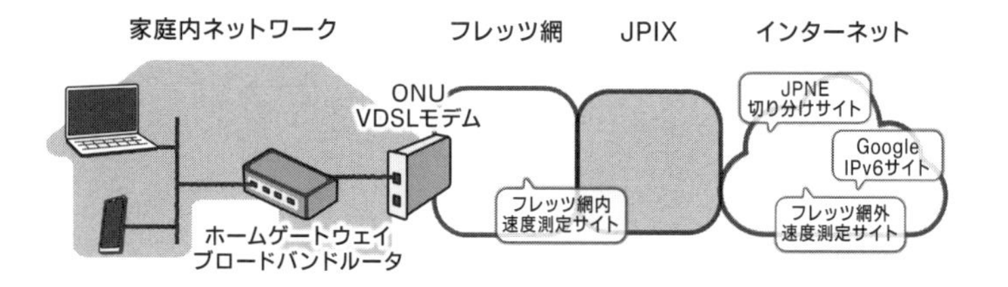

▶ 図8.1　問題発生箇所の切り分け

何らかの通信障害発生が疑われる場合、これらのうちどの部分で問題が発生しているかを切り分けられるように、「JPNE切り分けサイト」（図8.2）が利用できます[†3]。JPNE切り分けサイトでは、IPv4やIPv6の接続、あるいはフレッツ網からの接続に問題がないかをチェックできます。

- JPNE切り分けサイト：`https://kiriwake.jpne.co.jp/`

▶ 図8.2　JPNE切り分けサイト

†3 「JPNE切り分けサイト」に関する情報は2023年1月現在のものです。

なお、以下の状況では、JPNE切り分けサイトによるチェックが失敗する可能性があるので注意が必要です。

- Google Chromeのライトモード（GoogleのProxy経由）がON
- Cloudflare WARPなどのVPNが設定されていた

上記状況では、JPNE切り分けサイトとの接続がプロキシ経由になります。このとき、HTTPなどによってJPNE切り分けサイトと直接接続するのはプロキシです。そのため、JPNE切り分けサイトのチェックで、v6プラスを利用していないと判定されてしまいます。

JPNE切り分けサイト以外にも、問題発生の要因を切り分けるために使えるWebサイトがいくつかあります。たとえば、GoogleがIPv6でのみ提供している`ipv6.google.com`はIPv4ではアクセスできないので、`ipv6.google.com`が正しく表示できるかどうかでIPv6インターネットとの通信が正しく行えているのかどうかを確認できます。

- GoogleのIPv6専用ページ：`https://ipv6.google.com/`

また、「フレッツ速度測定サイト」により、ユーザ側のパソコン、ホームゲートウェイもしくはブロードバンドルータ、フレッツ網を通じた通信の正常性などの確認が可能です。

- フレッツ速度測定サイト：`http://www.speed-visualizer.jp/`

第9章

DS-LiteとA+P

v6プラスにおけるIPv6 over IPv4では、第4章で説明したMAP-Eが採用されています。IPv6 over IPv4のための一般的な技術としては、MAPのほかに、RFC 6333で規定されている**DS-Lite**という仕組みもあります。v6プラスはMAP-Eを採用しているためDS-Liteはv6プラスの要素技術ではありませんが、DS-LiteによるIPv4 over IPv6サービスを提供しているVNEもあります。ここではMAPとの違いに焦点を当ててDS-Liteの概要を紹介します。

9.1 DS-Lite

DS-Liteという名称は”Dual-Stack Lite”を省略したもので、「IPv6とIPv4のデュアルスタックを軽量に実現できる技術」という意図が込められています。MAPと同様に、基幹ネットワークをIPv6のみで構築しつつ、ユーザに対してはIPv4とIPv6の両方が使えるデュアルスタックネットワークを提供できる仕組みです。IPv6はそのままの状態でIPv6インターネットとの通信できる点もMAPと同じです。

DS-Liteの概要を図9.1に示します。DS-Liteでは、**B4**および**AFTR**と呼ばれるルータの間に張られたIPv6トンネルで、ユーザが利用するプライベートIPv4アドレス空間からのIPv4パケットを転送します。B4とAFTRの間はIPv6のみで構成できるので、ユーザに対してIPv4インターネット接続サービスを提供しつつ、バックボーンネットワークはIPv6のみで構成できます。

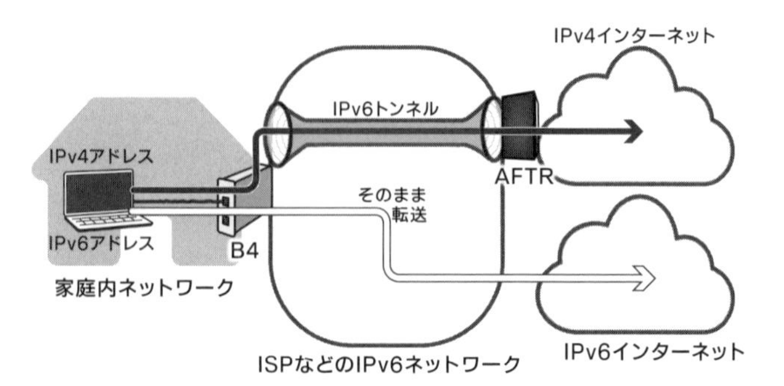

▶ 図9.1　DS-Liteの概要

NOTE

B4は「ビフォー」と読み、AFTRは「アフター」と読みます。それぞれ"Basic Bridging BroadBand"および"Address Family Transition Router"を表すとされていますが、「ユーザ側を「前方」とみなし、そこから「後方」のルータへのIPv6トンネルをパケットが通過する」という意味のほうが先にあったようです（こうした後づけの略字はIETFでの標準化ではよく見かけます）。

B4では、IPv4パケットをIPv6パケットの中にカプセル化します。AFTRでは、受け取ったIPv6パケットからIPv4パケットを取り出したうえでIPv4インターネットへとパケットを転送します。その際、AFTRでは、IPv4 NATによるアドレス変換も行います。つまりDS-Liteでは、NAT機能がユーザ側ではなくISP側にあります。これはMAPとDS-Liteの大きな違いのひとつです。

NAT機能の位置は異なりますが、DS-Liteでも、MAPと同様にISPのネットワークで大規模NATを導入することによる2段NATは避けられます。ただし、DS-LiteのAFTRにはCGN機器に類似する機能が必要になるので、DS-LiteのAFTRとMAP-EのBRとで後者のほうがシンプルな処理で済みます。

DS-Liteでは、B4が何らかの方法でAFTRのIPv6アドレスを知る必要があります。B4に対してAFTRの名前を手動で設定してAFTRのIPv6アドレスを得ることも可能ですが、AFTRの名前をDHCPv6で得るための仕組みもあり、RFC 6334として標準化されています。

9.1.1 lw4o6

DS-Liteの名称の"Lite"には「軽い」という意味合いがありますが、実際はAFTRの部分は「重い」仕組みです。そこで、AFTRにおけるNAT処理をB4側で行うように変更した「軽量版DS-Lite」と呼べる仕組みも考案されています。これが**lw4o6**（Lightweight 4over6）と呼ばれる規格で、RFC 7596として定義されています。

lw4o6では、RFC 7596対応のDS-LiteにおけるB4とAFTRのことを、それぞれ**lwB4**および**lwAFTR**と呼んでいます。lw4o6では、lwB4がIPv4 NATを担います。そのため、IPv4 NATに必要なグローバルIPv4アドレスとポート番号のセットをlwB4が知っている必要があります。lwB4では、この情報をSoftwire46（RFC 7598）のDHCPv6オプションとして受け取ることになっています。

9.2 A+P

DS-Liteと同時期に、**A+P**（Address plus Port）と呼ばれるプロトコルも議論されていました。DS-LiteとA+Pには似た部分があり、Internet Draftとして議論されていたときには両者を統合するという案もありました。しかし、最終的にDS-LiteはStandard TrackのRFC 6333になり、A+PのほうはExperimentalなRFC 6346になりました。

A+Pは、名前のとおり、IPアドレスとポート番号を活用した仕組みです。MAP-EもIPアドレスとポート番号を活用する仕組みでしたが、実はA+PはMAP-Eのもとになった仕組みともいえます。そのため、DS-LiteとA+Pの考え方の違いを知ることは、DS-LiteとMAP-Eの考え方の違いを知るうえでも参考になります。

A+Pでは、IPv4アドレスとTCPもしくはUDPのポート番号のセットを利用することでIPv4アドレスを共有します。具体的には、複数のCPEが同じIPv4アドレスを利用しつつ、割り振られたポート番号のみを利用します。

CPEからのIPv4パケットは、**PRR**（Port-Range Router）と呼ばれるルータまでトンネルを通って転送されます。IPv4インターネット側からのパケットは、PRRがポート番号に応じて適切なCPEとつながるトンネルへと転送します。

図9.2では、PRRが192.0.2.100というグローバルIPv4アドレスを利用しています。CPE AとCPE Bも、PRRと同じ192.0.2.100というIPv4アドレスを利用しますが、CPE Aが利用するポート番号が0～1023、CPE Bが利用するポート番号が1024～2037という違いがあります。

各CPEは、PRRへとパケットを送信する前に、必要に応じてNATやポート番号を変換します。

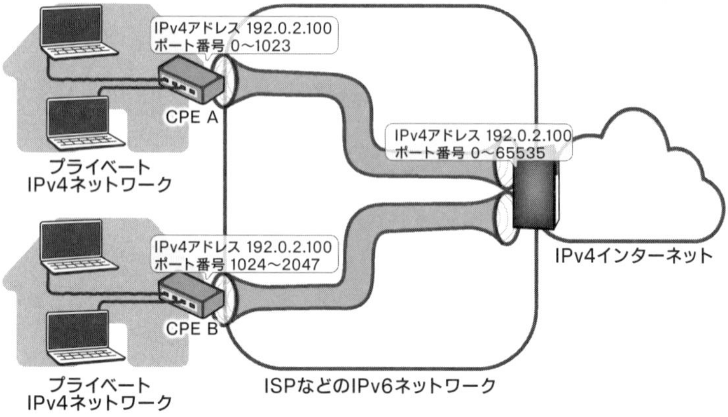

▶ 図9.2　A+Pの構成例

このとき各CPEは、割り当てられたポート番号の範囲内であれば、NATによる変換をせずにパケットを転送することも可能です。たとえば、`192.0.2.100`というIPv4アドレスを家庭内のPCが利用していて、送信元ポート番号をCPEに割り当てられたものの範囲内に限定できるのであれば、CPEでNATによる変換をせずに通信が可能です。

9.2.1　DS-Liteとの違い

技術的には似た面もありますが、A+PとDS-Liteとでは、提案のモチベーションが大きく異なります。DS-Liteのモチベーションは、デュアルスタック運用のコスト削減でした。これに対し、A+Pのモチベーションは、CGNの問題を解消することにありました。A+PのRFCでは、CGNの問題として、UPnPが使えない、多くのユーザの通信ステートをCGNで保持しなければならない、単一障害点になりうるといった点が具体的に挙げられています。

DS-LiteとA+Pでは、提案の方針にも大きな違いがあります。DS-Liteでは具体的な技術が述べられているのに対し、A+Pでは考え方が中心に述べられているのです。

たとえば、DS-LiteではB4とAFTRの間のトンネルをIPv6で構築します。一方、A+Pでは、L2延伸を含む「何らかの方法」とあるだけです。A+Pで必要となるシグナリングプロトコルも、詳細がRFCに示されているわけではなく、可能性がある手法がいくつか列挙されているだけです。

DS-LiteとA+Pでは、NATによる変換が発生する場所も異なります。図9.3のように、DS-LiteがIPv4ネットワークの手前でNATを行うのに対して、A+PはMAPと同様にCPE側でNATを行います。さらに、A+PではNATを使わないことも可能です。

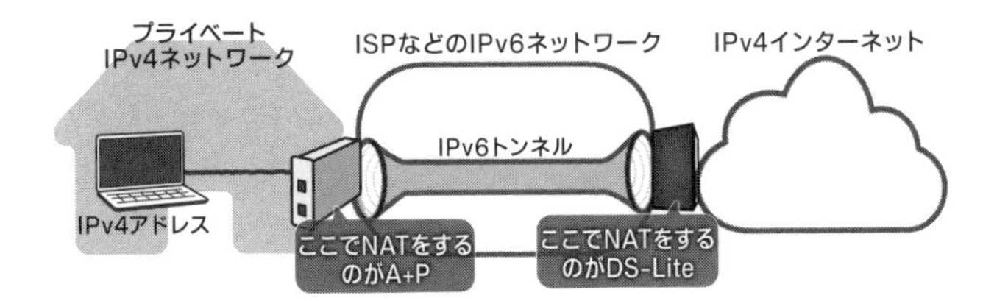

▶ 図9.3　DS-LiteとA+Pの違い

ステートレスであることもA+Pの大きな特長です。A+Pでは、グローバルIPv4アドレスとポート番号をNATで利用することで、ステートを保持せずに自動的な変換が可能になっています（ただし、ICMPやフラグメントされたIPパケットについては、通常のNATと同様にステートフルな変換が必要です）。

索引

J

L

M

N

P

■ 監修者紹介

株式会社JPIX

英文名称：Japan Internet Xing Co., Ltd.（JPIX）

日本ネットワークイネイブラー株式会社として2010年8月に設立。2023年1月より日本インターネットエクスチェンジ株式会社と合併、ISPへのローミングサービス、IXサービス、コロケーションサービス、その他付加価値サービス等の提供を主な事業とする。

■ 著者紹介

小川晃通（おがわ あきみち）

慶應義塾大学にて博士（政策・メディア）取得。プログラミング、テクニカルライティング、コンサルティング、DTP、セミナーや講演なども手がける。著書に『プロフェッショナルIPv6 第2版』『ピアリング戦記 日本のインターネットを繫ぐ技術者たち』（ラムダノート）、『インターネットのカタチ』『マスタリングTCP/IP OpenFlow編』（オーム社）、『アカマイ 知られざるインターネットの巨人』（KADOKAWAメディアファクトリー）、『ポートとソケットがわかればインターネットがわかる』（技術評論社）など。

YouTubeチャンネル https://www.youtube.com/user/geekpage

久保田聡（くぼた さとし）

（本書刊行当時）日本ネットワークイネイブラー株式会社技術部所属。通信キャリア、ISPでバックボーン運用、セキュリティ企画・運用を経て、2011年よりKDDI株式会社からJPNEへ出向。JPNEではv6プラスをはじめとするサービスの技術企画、構築を担当。

技術書出版社の立ち上げに際して

コンピュータとネットワーク技術の普及は情報の流通を変え、出版社の役割にも再定義が求められています。誰もが技術情報を執筆して公開できる時代、自らが技術の当事者として技術書出版を問い直したいとの思いから、株式会社時雨堂をはじめとする数多くの技術者の方々の支援をうけてラムダノート株式会社を立ち上げました。当社の一冊一冊が、技術者の糧となれば幸いです。

鹿野桂一郎

徹底解説 v6プラス

Printed in Japan ／ ISBN 978-4-908686-08-5

2020年 1 月22日　第1版第1刷 発行
2023年 1 月25日　第1版第3刷 発行

監　修　株式会社JPIX
著　者　小川晃通・久保田聡
発行者　鹿野桂一郎
編　集　高尾智絵
制　作　鹿野桂一郎
装　丁　轟木亜紀子（トップスタジオ）
印　刷　平河工業社
製　本　平河工業社

本書の発行にあたって協力を頂いた皆様
株式会社JPIX様から本書の制作費を支援いただきました

発　行　ラムダノート株式会社
lambdanote.com
東京都荒川区西日暮里2-22-1
連絡先 info@lambdanote.com